Energiepolitische Schriftenreihe

Herausgegeben vom Bundesministerium
für Handel, Gewerbe und Industrie in Wien

Band 1

# Ausgewählte Probleme der industriellen Energiewirtschaft

Von

Prof. Dr. Ing. Jan Szargut

in Zusammenarbeit mit

Dr. Ing. Andrzej Zięby

Polytechnische Hochschule Gliwice (Polen)

Springer-Verlag
Wien New York

Redaktionelle Betreuung:
Ministerialoberkommissär Dipl.-Ing. Dr. techn. HEINZ SATZINGER
Bundesministerium für Handel, Gewerbe und Industrie
Sektion VI, Abt. 2
Schwarzenbergplatz 1
A-1010 Wien, Österreich

Mit 45 Abbildungen



Library of Congress Cataloging in Publication Data. Szargut, Jan. Ausgewählte Probleme der industriellen Energiewirtschaft. (Energiepolitische Schriftenreihe; Bd. 1) 1. Heat engineering. I. Ziębik, Andrzej, joint author. II. Title. III. Series. TJ260.S97. 621.4.02. 76-22530.

ISBN 978-3-211-81394-2 ISBN 978-3-7091-3137-4 (eBook)
DOI 10.1007/978-3-7091-3137-4

# Geleitwort

Die fünf in diesem Band vereinigten Aufsätze sind Niederschriften von Vorträgen, die Prof. Dr. JAN SZARGUT im Frühjahr 1974 an der Technischen Hochschule Wien, der Johannes Kepler Hochschule in Linz und der Montanistischen Hochschule Leoben gehalten hat. Bei der Ausarbeitung der Vorträge wurde Prof. SZARGUT teilweise von seinem Mitarbeiter, Herrn Dr. ANDRZEJ ZIĘBIK, unterstützt. Die Initiative für die Durchführung der Vortragsveranstaltung ging von der Energiesektion des Bundesministeriums für Handel, Gewerbe und Industrie aus. Sie erfolgte im Rahmen des bestehenden Übereinkommens zwischen Österreich und der Volksrepublik Polen für wissenschaftliche und technische Zusammenarbeit durch das Bundesministerium für Wissenschaft und Forschung mit tatkräftiger Unterstützung durch die beteiligten Hochschulen, insbesondere der Herren Professoren Dr. MAXIMILIAN LEDINEGG, Dr. EDUARD NACHTIGALL und Dr. MAX B. USSAR, sowie des Botschafters der Volksrepublik Polen in Österreich, Exzellenz RYSZARD KARSKI. Dem Bundesministerium für Wissenschaft und Forschung und den genannten Persönlichkeiten sei auch an dieser Stelle bestens für die Unterstützung gedankt, die sie dieser Veranstaltung gegeben haben, ebenso aber auch Herrn Generaldirektor Bergrat h. c. Dipl.-Ing. Dr. techn. FRANZ GEIST, der, die Bedeutung dieser Vortragsreihe als Anregung für die weitere Rationalisierung der Wärmewirtschaft der verstaatlichten Industrie erkennend, sich für einen finanziellen Beitrag zu den Kosten durch die Österreichische Industrie-Verwaltungs-AG erfolgreich verwendet hat.

Die Veröffentlichung dieser Vorträge, die redaktionell durch Herrn Ministerialoberkommissär Dr. HEINZ SATZINGER betreut wurde, erfolgt mit Zustimmung des Verfassers und des Rektorats der Polytechnischen Hochschule in Gliwice durch das Bundesministerium für Handel, Gewerbe und Industrie. Hiefür war in erster Linie die Erwägung maßgebend, daß die Wärmewirtschaft innerhalb der gesamten Energiewirtschaft quantitativ die überwiegende Rolle spielt und hier auch die größten Möglichkeiten für Einsparungen bestehen. Die in diesem Band vereinigten Vorträge geben einerseits eine Einführung in die systematische Analyse von Wärmeprozessen, die zur Aufdeckung von Verlustquellen führt, und sie zeigen andererseits an ausgewählten Beispielen Wege auf, wie eine Verbesserung bei typischen Prozessen der industriellen Wärmewirtschaft erreicht werden kann. Die Darlegungen des Verfassers zeichnen sich durch besondere Klarheit aus, weshalb gehofft werden darf, daß sie durch ihre nun erfolgende Veröffentlichung in dem breiteren Kreis von Fachleuten, dem sie dadurch zugänglich werden, eine entsprechende Resonanz finden und daß sie damit auch einen Beitrag zu den Bestrebungen der Österreichischen Bundesregierung zur möglichst zweckmäßigen Anwendung von Energie leisten werden. In diesem Sinne hat der Ministerrat die ihm bereits am 19. November 1974 unterbreitete Absicht auf Herausgabe dieser Publikation zustimmend zur Kenntnis genommen.

Herr Prof. Dr. Jan Szargut zählt heute zu den führenden Vertretern seines Faches, der technischen Wärmelehre, in der Welt. Er wurde am 9. September 1923 geboren und studierte an den Technischen Hochschulen in Lemberg und in Gliwice und war an letzterer Hochschule zunächst als Assistent von Prof. Dr. Ocheduszko tätig. Seit 1962 ist er Professor für Wärmetechnik in Gliwice. Von Prof. Dr. Jan Szargut sind bisher mehr als 100 Veröffentlichungen, darunter auch einige in deutscher Sprache, so in der Zeitschrift „Brennstoff – Wärme – Kraft", erschienen. Er hat sich vor allem mit den Fragen von Energie- und Exergiebilanzen von technischen Prozessen eingehend beschäftigt. Ferner hat er sieben Bücher geschrieben, darunter mit seinem Schüler R. Petela eine 410 Seiten starke Monographie: „Exergie", die eine umfassende Darstellung der Anwendung des Exergiebegriffes zur Analyse thermodynamischer Prozesse enthält. Nach dem Erscheinen der polnischen Ausgabe dieser Monographie 1966 folgte im Jahr 1969 eine russische Ausgabe. Im Jahr 1972 erschien ein 654 Seiten umfassendes Werk: „Wärmewirtschaft in Hüttenwerken", das eine eingehende Darstellung der wärmetechnischen Fragen im Hüttenbetrieb enthält. Dieses Buch wurde vorerst nur in polnischer Sprache publiziert.

Herrn Prof. Dr. Jan Szargut muß auch an dieser Stelle für seine Bereitwilligkeit, die Einladung zur Vortragsreise nach Österreich anzunehmen und die Vorträge für die Veröffentlichung auszuarbeiten, und die dadurch praktisch bewiesene hervorragende Kooperation herzlichst gedankt werden.

Wien, im Juli 1976

Dipl.-Ing. Dr. techn. Wilhelm Frank
Sektionschef
Leiter der Sektion VI (Energie)
im Bundesministerium für Handel,
Gewerbe und Industrie

# Inhaltsverzeichnis

# I

# DIE ENERGIE- UND EXERGIEBILANZ ALS MITTEL ZUR SYSTEMATISCHEN FESTSTELLUNG VON ENERGIEVERLUSTEN UND ZUR EINLEITUNG VON MASSNAHMEN ZU IHRER VERMINDERUNG

**Prof. Dr.-Ing. Jan SZARGUT**
**Gliwice (Polen)**

## 1. Die Energiebilanz

Die Energiebilanz wird als klassisches Mittel der Analyse der Energiewirtschaft angewendet. Die Energiebilanzgleichung fußt auf dem Satz der Energieerhaltung und kann folgendermaßen dargestellt werden

$$E_z = \Delta E_u + E_a \tag{1}$$

dabei sind:

$E_z, E_a$ – zugeführte und abgeführte Energie,

$\Delta E_u$ – Energiezunahme des untersuchten Systems.

Um die Energiebilanz anschaulicher zu machen, benutzt man ein Sankey-Diagramm (Abb. 1), auf dem die Breite der Streifen den einzelnen Energiemengen proportional ist.

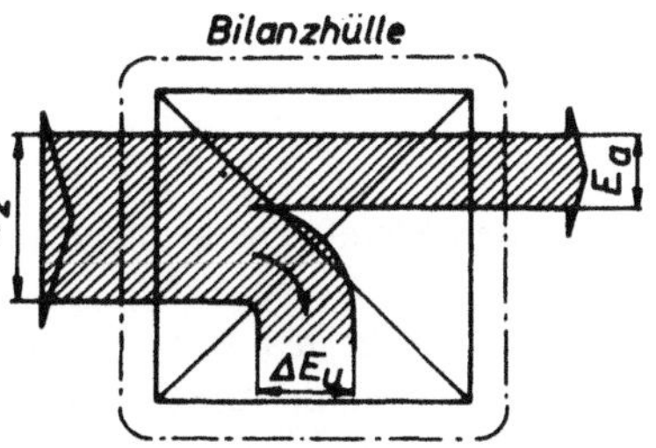


*Abb. 1*
*Sankey-Diagramm zur Energiebilanz*

Arbeitet die untersuchte Anlage stationär, so ist die Energie des Systems konstant ($\Delta E_u = 0$) und die Energiebilanzgleichung kann auf eine Zeiteinheit bezogen werden

$$\dot{E}_z = \dot{E}_a \quad . \tag{2}$$

Die zugeführte und abgeführte Energie setzt sich aus der Wärme, der Arbeit und der Energie des Stoffstromes zusammen. Die Komponenten der Energie des Stoffstromes sind: die kinetische und potentielle Energie und die Enthalpie.

Bei der beschriebenen Fassung der Energiebilanz braucht man nicht die Erscheinungen innerhalb der Bilanzhülle zu analysieren. Man muß nur auf der Bilanzhülle die zugeführten und abgeführten Energiemengen messen und außerdem den Anfangs- und Endzustand des Systems untersuchen. Deshalb z.B. tritt in der Bilanzgleichung keine Reibungswärme auf. Den Einfluß der Reibung kann man nur anhand einer Analyse der Verteilung der abgeführten Energie beobachten (z.B. die geleistete Arbeit wird kleiner und die Enthalpie des abfließenden Stoffes wird um denselben Wert größer). Auch die sogenannte „Wärme der chemischen Reaktionen" tritt nicht in der Bilanzgleichung auf. Die chemische Energie der Eingangs- und Ausgangsstoffe berücksichtigt man schon bei der Berechnung der Enthalpie. Man braucht auch nicht den Verlauf der chemischen Reaktionen zu analysieren. Es genügt, die chemische Zusammensetzung der Eingangs- und Ausgangsstoffe zu untersuchen. Man soll nur die Stoffbilanzen der einzelnen Hauptelemente ausnutzen, um die schwer meßbaren Größen berechnen und die Richtigkeit der Meßergebnisse nachprüfen zu können.

Die Frage der Ausnutzung der Stoffbilanzen von Elementen ist recht interessant, soll aber im vorliegenden Aufsatz nicht näher erörtert werden. Es soll nur angedeutet werden, daß man danach streben soll, überschüssige Informationen anzusammeln (die Menge der Unbekannten in den Gleichungen soll kleiner als die Gleichungsmenge sein). In diesem Fall kann man die Ausgleichsrechnung anwenden, wodurch es möglich wird, die wahrscheinlichsten Werte der Unbekannten zu berechnen, die Meßergebnisse zu korrigieren und deren Genauigkeit nachzuprüfen.

Die Berücksichtigung der chemischen Energie sollte näher erörtert werden. Die Enthalpie der in einem chemischen Prozeß teilnehmenden Stoffe kann in die physikalische und chemische Enthalpie unterteilt werden

$$i = i_{ph} + i_{ch} \quad . \tag{3}$$

Hier und im folgenden bedeuten Kleinbuchstaben auf die Mengeneinheit bezogene Werte (spezifische Größen).

Die physikalische Enthalpie berechnet man von dem Zustand aus, in dem die untersuchte Substanz den Umgebungsdruck $p_u$ und die Umgebungstemperatur $T_u$ besitzt. Die chemische Enthalpie gilt für den Zustand mit den Parametern $p_u$, $T_u$.

In einem beliebigen chemischen Prozeß kann man die chemische Enthalpie durch die Bildungsenthalpie ausdrücken. Die erhaltenen Werte haben aber keinen technischen Sinn, was die Auslegung der Energiebilanz erschwert. Eine praktische Größe ist dagegen der Heizwert, mit dem man die chemische Energie bei der Untersuchung der Verbrennungsprozesse ausdrückt. Der Heizwert kann als eine relative chemisehe Energie betrachtet werden, die auf die praktisch wertlosen Produkte der vollen Verbrennung bezogen wird. Den Anwendungsbereich des Heizwertes kann man auf beliebige chemische Prozesse erweitern [2]. Zu diesem Zweck wurde für jedes Element eine praktisch *wertlose Bezugssubstanz* eingeführt. Es soll eine in der Natur sehr oft auftretende Substanz sein (z.B. für die Elemente C, H, Ca, Fe, S sind folgende Bezugssubstanzen angenommen worden: $CO_2$, $H_2O$, $CaCO_3$, $Fe_2O_3$, $CaSO_4 \cdot 2H_2O$). Die relative chemische Energie, die vom Niveau der Bezugssubstanzen an gerechnet wird, wird als *Devaluationsenthalpie* bezeichnet. Die Devaluationsenthalpie der Bezugssubstanzen ist also gleich Null. Die in [1] veröffentlichten umfangreichen Tafeln der Devaluationsenthalpie ermöglichen es, die Energiebilanz der verschiedenen chemischen Prozesse leicht aufzustellen. Die mit Hilfe der Devaluationsenthalpie ausgedrückte chemische Energie erleichtert die Berechnung des thermischen Wirkungsgrades und der Energieverluste. So z.B. kann die chemische Energie der Abfallstoffe unmittelbar als Energieverlust angesehen werden.

## 2. Nutzenergien und Verluste in der Energiebilanz

Wenn man eine stationär arbeitende Anlage untersucht, kann man in der Energiebilanz drei Gruppen von Größen unterscheiden, von denen eine die *Antriebsenergie* ausdrückt, die zweite die *Nutzenergie* darstellt und die dritte die *Energieverluste* umfaßt. Das Verhältnis der Nutzenergien zur Antriebsenergie drückt den thermischen Wirkungsgrad aus

$$\eta_{th} = \frac{\dot{E}_N}{\dot{E}_A} \quad . \tag{4}$$

Als Antriebsenergie kann die an einem System geleistete Arbeit, bzw. die von einer heißen Quelle zugeführte Wärme oder die Energie eines Antriebsstoffstromes auftreten. Zu den Nutzenergien gehören folgende Größen: die durch das System geleistete Arbeit, die an eine heiße Quelle abgegebene oder von einer kalten Quelle bezogene Wärme und der Unterschied in der Enthalpie zwischen den nutzbaren Produkten und den Ausgangs- (Roh-) Stoffen. Zu den Energieverlusten rechnet man die an die Umgebung abgegebene Wärme und die Energie der an die Umgebung abgeleiteten Abfallstoffe. Man kann also eine allgemeine Formel für den *thermischen Wirkungsgrad* vorschlagen

$$\eta_{th} = \frac{I_N - I_R + L_N + Q_N}{I_A + L_A + Q_A} \quad , \tag{5}$$

dabei sind:

| | | |
|---|---|---|
| $I_N$ | – | nützliche Enthalpie der Nutzprodukte (dazu rechnet man z.B. nicht die physikalische Enthalpie, wenn die erhöhte Temperatur des Nutzprodukts für weitere technologische Prozesse nicht erforderlich ist), |
| $I_R$ | – | Enthalpie der nichtenergetischen Einsatzstoffe, |
| $L_N$, $Q_N$ | – | Nutzarbeit und Nutzwärme, |
| $I_A$ | – | Enthalpie der Antriebsstoffe, |
| $L_A$, $Q_A$ | – | Antriebsarbeit und Antriebswärme. |

Die Enthalpie der Stoffströme muß gegebenenfalls durch die kinetische und potentielle Energie ergänzt werden.

Jeder Ingenieur, der sich mit der Energiewirtschaft befaßt, strebt zu einer Vergrößerung des thermischen Wirkungsgrades und zur Verminderung der Energieverluste. Die Energiebilanz kann wichtige Anleitungen dazu geben. Um aber richtige Schlußfolgerungen aus der Analyse der Energiebilanz zu ziehen, muß man die Sätze der Thermodynamik gut kennen und auch den wirtschaftlichen Anforderungen Rechnung tragen. Es soll dabei auf folgende Schwierigkeiten hingewiesen werden:

1. In zahlreichen Wärmeprozessen tritt eine große Menge an die Umgebung abgegebener Abfallwärme auf. Eine unmittelbare Ausnutzung dieser Wärme ist meistens nicht lohnend, da die auftretenden Temperaturen des Wärmeträgers der Umgebungstemperatur sehr nahe liegen. Man darf aber nicht vergessen, daß eine zu große Menge an Abfallwärme nur als Symptom einer ungünstigen Durchführung der inneren Prozesse zu betrachten ist. Die Ursache der Vergrößerung der Abfallwärme ist aus der Energiebilanz nicht zu entnehmen, da sie in einer Irreversibilität der Prozesse liegt. So kann z.B. die von einem Kondensator eines Kraftwerkes abgegebene Abfallwärme nicht durch eine Vervollkommnung des Kondensators vermindert werden, da die Ursache für die Größe dieser Wärmemenge im wesentlichen im Dampfkessel liegt (nämlich in der Nichtumkehrbarkeit der Verbrennung und des Wärmeaustausches zwischen den Rauchgasen und dem Arbeitsstoff).

2. Die Energie der Abfallprodukte (der zweite typische Energieverlust) kann oftmals unmittelbar ausgenutzt werden. Man kann z.B. die hohe Temperatur der Rauchgase in einem Rekuperator oder in einem Abhitzekessel ausnutzen. Auch in diesem Fall kann man aus der Energiebilanz nur sehr begrenzte Schlußfolgerungen ziehen. Auf. Abb. 2 ist ein Sankey-Diagramm für den Energiefluß eines Tiefofens dargestellt. Die in dem Rekuperator zurückgewonnene Wärme beträgt 9,3% der Antriebsenergie (der Energie des Brennstoffs). Man kann aber sehr leicht beweisen, daß die Energie der vorgewärmten Luft ~ 24,5% der Brennstoffenergie ersetzt. Die Ursache dieses paradoxen Ergebnisses liegt darin, daß dank der Rekuperation nicht nur die Temperatur der abfließenden Rauchgase niedriger, sondern auch die Menge der Rauchgase vermindert wird. Diese Frage wird im Kapitel III noch näher erörtert.

3. Es gibt brauchbare Energieträger, deren Energie trotzdem einen Nullwert besitzt. Als Beispiel kann man die Preßluft anführen. Bei Umgebungstemperatur ist die Energie der Preßluft der Energie der Umgebungsluft gleich. Die physikalische Enthalpie eines wertvollen Energieträgers kann also gleich Null sein.

Die oben erörterten Beispiele 1 und 3 zeigen deutlich, daß die Energiemenge keine ausreichende Anzeige für die Brauchbarkeit der Energie liefert. Man muß deshalb eine Größe suchen, die außer der Menge auch die Qualität der Energie berücksichtigt. Zu diesem Zweck wurde sie sogenannte Exergie eingeführt.

## 3. Der Exergiebegriff

*Die Exergie drückt die Arbeitsfähigkeit des Energieträgers in bezug auf die natürliche Umgebung aus* [1]. Bei der Untersuchung von technischen Anlagen spielt die Exergie der Stoffströme die wichtigste Rolle. Sie setzt sich aus der kinetischen, potentiellen und thermischen Exergie zusammen

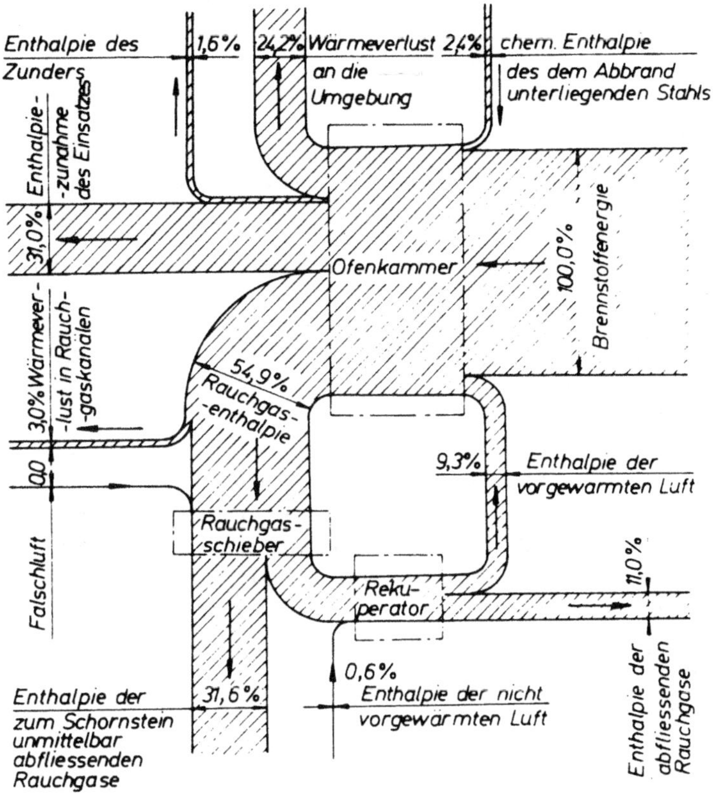


Abb. 2

Sankey-Diagramm zur Energiebilanz eines Tiefofens

$$b = b_k + b_p + b_{th} \quad . \tag{6}$$

Die thermische Exergie hängt von den Zustandswerten und von der Zusammensetzung der untersuchten Substanz und der Hauptbestandteile der Umgebung ab. Ähnlich wie die Enthalpie, kann auch die thermische Exergie in zwei Komponenten zerlegt werden

$$b_{th} = b_{ph} + b_{ch} \quad , \tag{7}$$

dabei sind:

$b_{ph}$ – die physikalische Exergie, die von den Umgebungszustandswerten $T_u$, $p_u$ an gerechnet wird,

$b_{ch}$ – die chemische Exergie, die für eine Substanz mit den Zustandswerten $p_u$, $T_u$ gilt.

Die physikalische Exergie berechnet man mittels der Formel

$$b_{ph} = i - i_u - T_u(s - s_u) \quad , \tag{8}$$

wobei $i_u$, $s_u$ die Enthalpie und Entropie des Stoffes bei den Parameterwerten $T_u$, $p_u$ bezeichnen.

Die Berechnung der chemischen Exergie ist meistens sehr kompliziert. Um diese Berechnungen zu erleichtern, wurde der Begriff der *normalen chemischen Exergie* eingeführt und wurden umfangreiche Tafeln für diese Größe berechnet [1].

Außer der Exergie des Stoffstromes hat man die Exergieabnahme einer Wärmequelle zu beachten, für die die Formel gilt:

$$-\Delta B_Q = Q \frac{T - T_u}{T} \quad , \tag{9}$$

T – Temperatur der Wärmequelle,

Q – die aus der Quelle abgeführte Wärme.

Die Eigenschaften der Exergie unterscheiden sich deutlich von denen der Energie. Die wichtigsten Unterschiede sind folgende:

1. Im Gegensatz zur Energie unterliegt die Exergie keinem Erhaltungssatz. Jede Irreversibilität verursacht einen unwiederbringlichen Exergieverlust, den man mit Hilfe des Satzes von Gouy-Stodola berechnen kann

$$\delta B = T_u \, \Sigma \, \Delta S \quad , \tag{10}$$

$\Sigma \, \Delta S$ Summe des Entropiezuwachses aller am Prozeß teilnehmenden Körper.

2. Bei der Berechnung der Energie kann man einen beliebigen Bezugszustand annehmen. Bei der Ermittlung der Exergie wird der Bezugszustand durch die Zusammensetzung und die Zustandswerte der natürlichen Umgebung bedingt. Die Exergie der Hauptbestandteile der natürlichen Umgebung ist Null.

3. Der Einfluß des Druckes auf die Energie ist gering, die Exergie ist dagegen stark vom Druck abhängig.

4. Bei Umgebungstemperatur ist die Exergie von der Phasengestalt unabhängig.

5. Bei $T < T_u$ nimmt die Exergie mit der fallenden Temperatur zu.

Auf Abb. 3 wird die physikalische Exergie eines idealen Gases mit der Enthalpie verglichen. Die Enthalpie hängt nur von der Temperatur ab. Die physikalische Exergie dagegen ist bei einer konstanten Umgebungstemperatur von der Temperatur und vom Druck abhängig.

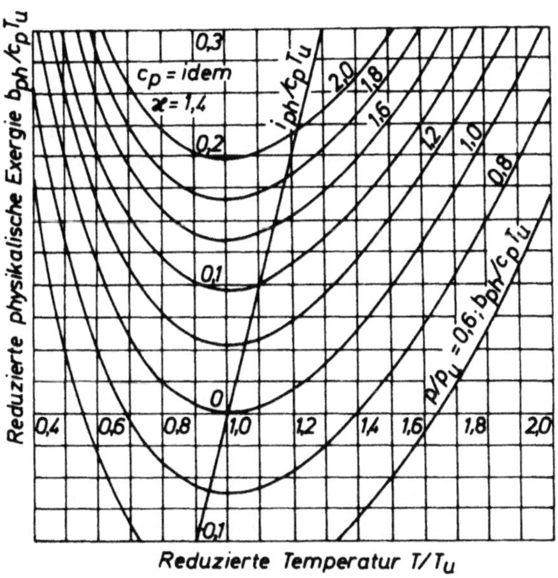


*Abb. 3*

***Reduzierte physikalische Exergie eines idealen Gases als Funktion der reduzierten Temperatur***

Bei Temperaturen, die höher als die Umgebungstemperatur liegen, ist die physikalische Exergie kleiner als die Enthalpie. Im Bereich der niedrigen Temperaturen ($T < T_u$) ändert sich die Exergie in entgegengesetzter Richtung als die Enthalpie. Je niedriger die Temperatur eines Kälteträgers ist, desto größer ist der Wert seiner Exergie.

## 4. Exergiebilanz und Exergieverluste

Die Ergebnisse einer exergetischen Analyse kann man in die Form einer Bilanzgleichung kleiden. Man muß dabei aber berücksichtigen, daß die Exergie keinem Erhaltungssatz unterliegt. Deshalb muß man die Bilanzgleichung mit den Exergieverlusten abschließen

$$B_z = \Delta B_u + B_a + L + \Sigma\, \Delta B_Q + \delta B_i \quad , \qquad (11)$$

dabei sind:

$B_z$, $B_a$ – Exergie der zugeführten und der abgeführten Stoffe,

$\Delta B_u$ – Exergiezunahme des untersuchten Systems,

$\Delta B_Q$ – Zunahme der Exergie der am Prozeß teilnehmenden Wärmequelle,

$\delta B_i$ – *innerer Exergieverlust*, der durch irreversible Vorgänge innerhalb der Bilanzhülle verursacht wird.

Unter den abgeführten Stoffen befinden sich Nutzprodukte und Abfallprodukte des Prozesses. Die Größe $B_a$ kann also in zwei Komponenten unterteilt werden

$$B_a = B_{aN} + \delta B_a \quad , \qquad (12)$$

dabei sind:

$B_{aN}$ – Exergie der Nutzprodukte,

$\delta B_a$ – Exergie der Abfallprodukte, die die sogenannten *äußeren Exergieverluste* darstellt.

Ein Sankey-Diagramm für den Exergiefluß wird auf Abb. 4 dargestellt. Es wird darin gezeigt, daß der innere Exergieverlust innerhalb der Bilanzhülle von Null bis $T_u\ \Sigma\ \Delta S$ zunimmt. Die äußeren Exergieverluste sind in gleicher Weise wie die inneren schraffiert worden.

Die Exergiebilanz kann als Grundlage zur Berechnung des *exergetischen Wirkungsgrades* dienen. Man kann dafür eine analoge Formel wie im Fall des thermischen Wirkungsgrades in Ansatz bringen:

$$\eta_b = \frac{B_N - B_R + L_N + \Delta B_{QN}}{B_A + L_A - \Delta B_{QA}} \quad , \qquad (13)$$

dabei sind:

$B_N$ – nützliche Exergie der Nutzprodukte,

$B_R$ – Exergie der nichtenergetischen Einsatzstoffe,

$L_N$ – Nutzarbeit,

| | | |
|---|---|---|
| $\Delta B_{QN}$ | – | Exergiezunahme einer beheizten warmen Wärmequelle oder gekühlten kalten Wärmequelle, |
| $B_A$ | – | Exergie der Antriebsstoffe, |
| $L_A$ | – | Antriebsarbeit, |
| $-\Delta B_{QA}$ | – | Exergieabnahme der Antriebswärmequellen. |

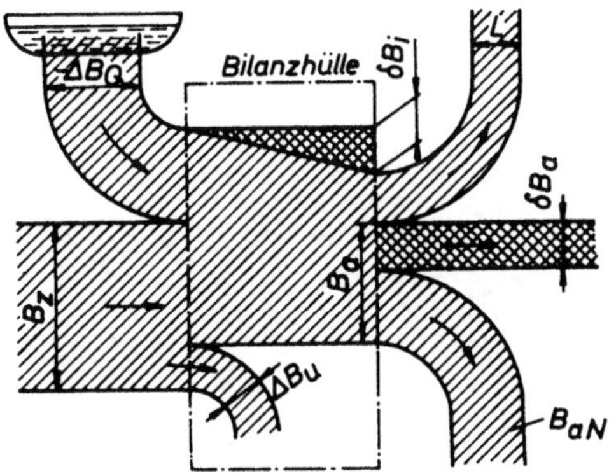


*Abb. 4*

*Sankey–Diagramm zur Exergiebilanz*

Der exergetische Wirkungsgrad drückt den *thermodynamischen Vollkommenheitsgrad* des untersuchten Prozesses aus. Der höchstmögliche Wert des exergetischen Wirkungsgrades ist Eins. Der thermische Wirkungsgrad kann dagegen nicht als ein Maß des Gütegrades gedeutet werden, da er einerseits für einen idealen Prozeß einen Wert ergeben kann, der kleiner ist als Eins (z.B. für eine Carnot-Wärmekraftmaschine),und er andererseits für eine nicht vollkommene Anlage einen größeren Wert als Eins annehmen kann (z.B. ist im Fall einer Wärmepumpe die abgegebene Nutzwärme immer größer als die Antriebsarbeit).

Die Ursachen der Verminderung des Vollkommenheitsgrades sind in der Nichtumkehrbarkeit der einzelnen Vorgänge zu suchen. Das Hauptziel der exergetischen Analyse ist demnach die Ermittlung und quantitative Bewertung derjenigen Ursachen, die den thermodynamischen Gütegrad des untersuchten Prozesses herabsetzen. Jeder Exergieverlust trägt zur Vergrößerung des Verbrauchs der Antriebsenergie oder zur Vergrößerung des Investitionsaufwandes bei. Im Fall einer Verbrennungskammer, z.B., führt die Vergrößerung der Luftüberschußzahl zur Vergrößerung der Nichtumkehrbarkeit der Verbrennung. Wenn man die Leistung des Prozesses konstant halten will, muß man entweder eine ungeänderte mittlere Temperaturdifferenz zwischen den Rauchgasen und dem beheizten Körper sichern, was man durch ein Erhöhen der Austrittstemperatur des Rauchgases erreichen kann, die eine Zunahme des Brennstoffverbrauchs nach sich zieht, oder, wenn der Brennstoffverbrauch konstant bleiben soll, müßte man die Wärmeübertragungsfläche entsprechend vergrößern, was mit zusätzlichen Investitionskosten verbunden ist.

Auf Abb. 5 wird die Energiebilanz eines Dampfkraftwerkes mit der Exergiebilanz verglichen. Die größten Energieverluste treten im Kondensator auf, da man hier eine sehr große Menge der Abfallwärme an die Umgebung abführt. Die Exergiebilanz zeigt aber, daß der Dampfkessel für die Entstehung dieser Verluste verantwortlich zu machen ist.

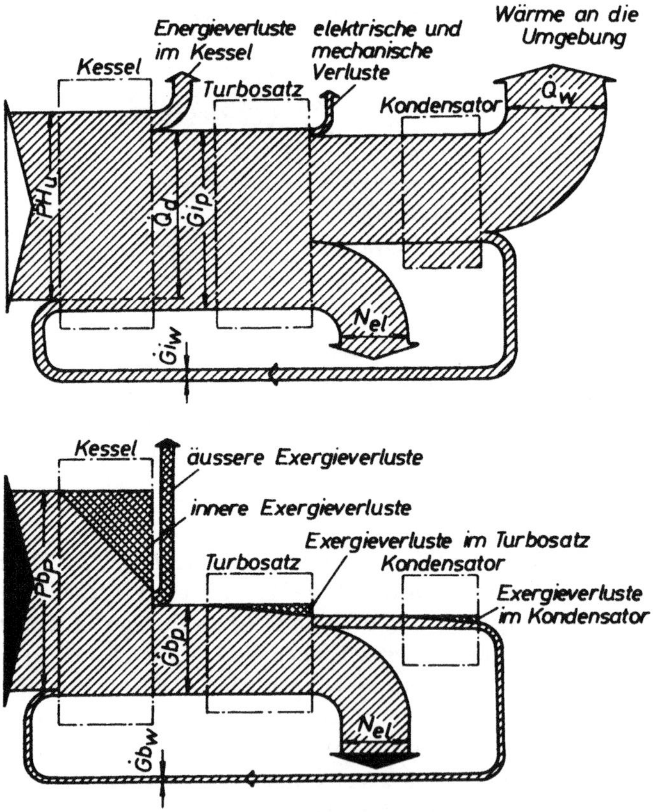


*Abb. 5*

*Sankey-Diagramme zur Energie- und Exergiebilanz eines Dampfkraftwerks.*

Der Verbrennungsvorgang und die Wärmeübertragung im Kessel sind in hohem Maße irreversibel. Im Vergleich zur Brennstoffenergie zeichnet sich die dem Dampf übermittelte Energie durch eine verminderte freie Umwandelbarkeit aus. Die Ausnutzungsfähigkeit der Dampfenergie ist also dementsprechend kleiner und nach der Erzeugung des Dampfes ist das Entstehen einer großen Menge von Abfallwärme in weiteren Prozessen unvermeidlich.

Die exergetische Analyse gibt also wesentliche Hinweise über die Verbesserungsmöglichkeiten der Wärmeprozesse. Man erhält aber mit ihrer Hilfe keine fertigen Rezepte dafür, wie die Verbesserungen vorzunehmen sind. Die einzelnen Wärmeprozesse beeinflussen sich in einer komplexen Anlage gegenseitig unter Umständen sehr stark, was zu verwickelten Zusammenhängen führt. Als Beispiel kann wiederum ein Verbrennungsprozeß angeführt werden. Eine Verminderung der Nichtumkehrbarkeit bei der Verbrennung kann man durch Vorwärmen der Ausgangsstoffe erreichen. Es zeigt sich, daß die erlangte Abnahme der Exergieverluste viel grösser ist als die mit der vorgewärmten Luft oder mit dem vorgewärmten Brennstoff zugeführte Exergie. Ähnliche Ergebnisse kann man dadurch erzielen, daß man Sauerstoff der Verbrennungsluft beimischt. In diesem Fall ist die Verminderung der Exergieverluste mehr als zehnmal größer als die Exergie des verbrauchten Sauerstoffs. Man muß aber auch eine ungünstige Auswirkung mit in Betracht ziehen. Die Anwendung der vorgewärmten Luft oder des Sauerstoffs hat eine Erhöhung der Verbrennungstemperatur zur Folge. Dies aber zieht eine Vergrößerung der Temperaturdifferenz zwischen den Rauchgasen und dem beheizten Körper nach sich. Wenn man also keine zusätzlichen Maßnahmen trifft, wird gleichzeitig mit der Abnahme der Exergieverluste bei der Verbrennung eine Zunahme der Exergieverluste bei der Wärmeübertragung erfolgen.

Wenn der Verlauf der Wärmeprozesse grundsätzlich richtig durchgeführt wird, so ist die Realisierung der Möglichkeiten der Verminderung der Exergieverluste notwendigerweise mit zusätzlichen Investitionskosten verbunden. Man darf selbstverständlich keine Wirkungsgradwirtschaft führen, also zur Erhöhung der Vollkommenheit um jeden Preis streben. Meistens kann man ein Optimum zwischen dem Investitionsaufwand und den Antriebskosten finden. Es gibt aber in der Industrie unnötige irreversible Prozesse, deren Schädlichkeit oftmals nicht verstanden wird und deren Beseitigung mit geringen Kosten einen hohen Ertrag bringt. So trifft man z.B. oftmals auf eine Dampfdrosselung. Da bei diesem Prozeß die Enthalpie konstant bleibt, wird nicht immer erkannt, daß es sich dabei um einen sehr ungünstigen Prozeß handelt, bei dem die freie Umwandelbarkeit, also auch der Wirtschaftswert der Energie erniedrigt wird.

## 5. Wirtschaftliche Anwendungen des Exergiebegriffs

Die Exergie wird durch ähnliche Eigenschaften gekennzeichnet wie der Wirtschaftswert. Je größer die freie Umwandelbarkeit der Energie ist, desto größer ist ihre Exergie und auch ihr Wirtschaftswert. Der Wirtschaftswert kann ähnlich wie die Exergie unwiederbringlich vernichtet werden. Deshalb versucht man oftmals, die Exergie zur Lösung technisch-wirtschaftlicher Fragen anzuwenden.

Als einen der wichtigsten Anwendungsvorschläge in dieser Hinsicht soll die Frage der Kostenverteilung in einem gekoppelten Prozeß erörtert werden. Es wird dazu oftmals vorgeschlagen, die Kosten proportional zu den Exergieströmen zu verteilen. Wenn man z.B. zwei

Nutzprodukte erzeugt, sind dazu demnach folgende Formeln anzuwenden:

$$K_1 = K \frac{B_{N_1}}{B_{N_1} + B_{N_2}} , \qquad K_2 = K \frac{B_{N_2}}{B_{N_1} + B_{N_2}} , \qquad (14)$$

dabei sind:

$K$ – Summe der Produktionskosten,

$B_{N_1}, B_{N_2}$ – Nutzexergie der beiden Nutzprodukte.

Die Formel (14) fußt auf der Voraussetzung, daß eine Exergieeinheit in jedem Fall denselben Wirtschaftswert besitzt. Diese Annahme ist leider falsch. Der Wirtschaftswert je Exergieeinheit der verschiedenen Nutzprodukte kann nicht einheitlich sein, da er stark vom Gütegrad und vom Investitionsaufwand der Produktionsprozesse abhängt. In verschiedenen Prozessen hat man recht verschiedene Vollkommenheitsgrade und recht verschiedene Anlagekosten erreicht. So ist z.B. eine Exergieeinheit der elektrischen Energie viel teurer als eine Exergieeinheit des Dampfes, da man zur Erzeugung der elektrischen Energie eine teurere Anlage braucht, die mit einem kleineren exergetischen Wirkungsgrad arbeitet (man kann also in einem Heizkraftwerk die Produktionskosten anhand der Exergie nicht genau zwischen die Heizwärme und die elektrische Energie verteilen).

Die Exergie ist eine thermodynamische, aber keine wirtschaftliche Größe. Es ist möglich, daß in Zukunft auch eine exergetische Ökonomie Anwendung finden wird. Man darf nicht vergessen, daß man zum Antrieb und zum Speichern mit Rohstoffen in allen Industrieprozessen die Exergie der Naturschätze benutzt. Die Verwirklichung aller Industrieprozesse ist ja nur deshalb möglich, weil in der Natur kein thermodynamisches Gleichgewicht herrscht. Das Optimieren der Prozesse aufgrund der Forderung, die Summe der Exergieverluste zu minimieren, würde dann zu Lösungen führen, die einen minimalen Verbrauch an Naturschätzen sichern. Es ist wahrscheinlich, daß wir schon in einer nicht zu fernen Zukunft gezwungen sein werden, solche Lösungen zu suchen. Unter den gegenwärtigen Bedingungen aber bedeutet eine wirtschaftlich optimale Lösung nicht einen minimalen Verbrauch an Naturschätzen [3].

Obwohl die Exergie keine wirtschaftliche Größe ist, kann sie wertvolle wirtschaftliche Anwendungen finden. Die Anwendungsmöglichkeiten folgen daraus, daß die Exergie zur verallgemeinerten Bewertung des Vollkommenheitsgrades des Prozesses und der Leistung dient [4].

Die Bewertung des Gütegrades ist schon besprochen worden. Auf die Möglichkeit einer verallgemeinerten Bewertung der Leistung hat Prof. Brodianski hingewiesen [6]. Wenn man z.B. verschiedene Kälteanlagen vergleichen will, kann man nicht die Wärmemenge in Rechnung ziehen, da bei verschiedenen Kühlniveaus die Wärmemengen nicht vergleichbar sind. Hat man aber die Exergiezunahmen der gekühlten Räume berechnet, so können diese Größen zum Vergleich der Leistungen der untersuchten Anlagen angewendet werden.

Im Aufsatz [4] wurde darauf hingewiesen, wie eine angenäherte wirtschaftliche Optimierung mittels der Exergie durchzuführen ist. Vor kurzem wurden diese Überlegungen durch die Einbeziehung der wirtschaftlichen Bewertung der Umweltschädigungen ergänzt [5].

Der Investitionsaufwand eines Prozesses ist von der Leistung und vom Gütegrad abhängig. Unter Ausnützung der Eigenschaften des Exergiebegriffs kann man für den Investitionsaufwand I folgende Näherungsformel ansetzen:

$$I = I_0 + j_0 \frac{\eta_b}{1 - \eta_b} \dot{B}_n \quad , \qquad (15)$$

dabei sind:

$I_0$ – unproduktive Investitionskosten,

$\dot{B}_n$ – exergetische Nennleistung,

$j_0$ – Kostenzuwachs je Nennleistung bei $\eta_b = 0{,}5$.

Der hyperbolische Term $\eta_b/(1 - \eta_b)$ berücksichtigt den Einfluß des Gütegrades auf der Investitionsaufwand. Das ist die einfachste Funktion, welche die Grenzbedingungen erfüllt. (Bei $\eta_b = 0$ bekommt man einen Nullwert, bei $\eta_b = 1$ strebt der Wert des Terms nach Unendlich).

Die Betriebskosten kann man folgendermaßen berechnen:

$$K_e = (k_R + k_E + k)\dot{B}_n \tau_n = (k_R + \frac{k_b}{\eta_b} + k)\dot{B}_n \tau_n \quad , \qquad (16)$$

dabei sind:

$k_R, k_E$ – Kosten der nichtenergetischen Einsatzstoffe und der Antriebsexergie, bezogen auf eine Exergieeinheit des Nutzprodukts,

$k$ – veränderliche Kosten der Reparaturen und Bedienung bezogen auf eine Exergieeinheit des Nutzprodukts,

$\tau_n$ – jährliche Nutzungszeit der Nennleistung,

$k_b$ – Kosten pro Einheit der Antriebsexergie.

Die spezifischen Kosten einer Exergieeinheit des Nutzprodukts betragen

$$k_N = \frac{\epsilon I + K_e}{\dot{B}_n \tau_n} \quad , \qquad (17)$$

wobei $\epsilon$ den Koeffizienten der jährlichen Kapitalkosten bezeichnet.

Nach der Minimalisierung der Größe $k_N$ bekommt man den optimalen Wert des exergetischen Wirkungsgrades

$$\eta_{b\,opt} = \frac{1}{1 + \sqrt{L}} \quad , \qquad (18)$$

wobei L eine *thermoökonomische Ähnlichkeitszahl* darstellt,

$$L = \frac{\epsilon j_0}{k_b \tau_n} \quad . \qquad (19)$$

Zusätzlich sollte man noch die schädliche Einwirkung des untersuchten Prozesses auf die Umwelt berücksichtigen. Dazu genügt es oftmals, die Ähnlichkeitszahl L entsprechend zu korrigieren [5]. Handelt es sich z.B. um die schädlichen Bestandteile der Rauchgase, so sind die

Brennstoffkosten wie folgt zu korrigieren:

$$k_{P_{kor}} = k_P + \Sigma\, r_i\, \sigma_i\, \ell_{s,i} \quad , \qquad (20)$$

dabei sind:

$k_P$ – spezifische Kosten des Brennstoffs,

$r_i$ – Menge eines schädlichen Bestandteils i der Verbrennungsprodukte je Brennstoffeinheit,

$\sigma_i$ – Schädlichkeitskennwert je Einheit des schädlichen Bestandteils i,

$\ell_{s,i}$ – Koeffizient der verminderten ökonomischen Verluste, der die Einwirkung und die Kosten der Schutzeinrichtungen für den Bestandteil i berücksichtigt.

Die Größen $\ell_{s,i}$ sind folgendermaßen zu berechnen:

$$\ell_{s,i} = \frac{\epsilon_{s,i}\, I_{s,i} + K_{es,i}}{\dot{S}_{0,i}\, \tau_n} + 1 - (1 + \zeta_i)\eta_{s,i} \quad , \qquad (21)$$

dabei sind:

$\dot{S}_{0,i}$ – wirtschaftlicher Wert der Verluste in der Umwelt je Zeiteinheit vor der Einführung einer Schutzeinrichtung gegen den Bestandteil i,

$I_{s,i}$, $K_{es,i}$ – Investitionsaufwand und jährliche Betriebskosten der Schutzeinrichtung gegen den Bestandteil i,

$\epsilon_{s,i}$ – Koeffizient der jährlichen Kapitalkosten der Schutzeinrichtung gegen den Bestandteil i,

$\eta_{s,i}$ – Wirkungsgrad der Schutzeinrichtung gegen den Bestandteil i,

$\zeta_i$ – Verhältnis des wirtschaflichen Werts des rückgewonnenen schädlichen Bestandteils i zu seinem Schädlichkeitskennwert.

Der Wert von $\ell_{s,i}$ darf nicht größer sein als Eins.

## 6. Schlußfolgerungen

1. Es ist gezeigt worden, wie man die Energiebilanz eines beliebigen Prozesses in einer einheitlichen Weise aufstellen kann. Insbesondere ist darauf hingewiesen worden, daß man bei der Untersuchung chemischer Prozesse die chemische Energie beliebiger Stoffe zur Enthalpie hinzurechnen kann. Der praktische Wert der chemischen Energie kann mittels der Devaluationsenthalpie ausgedrückt werden, die einen ähnlichen technischen Sinn besitzt wie der Heizwert.

2. Bei der Analyse der Energiebilanz muß man die gegenseitigen Zusammenhänge berücksichtigen, die oftmals zu paradoxen Ergebnissen führen. Z.B. ist bei der Rekuperation die Menge der eingesparten chemischen Energie viel größer als die rückgewonnene Wärmemenge.
3. Die Ursachen der Verminderung des Gütegrades eines Wärmeprozesses sind aus der Energiebilanz nicht zu entnehmen, da sie in den Nichtumkehrbarkeiten der einzelnen Vorgänge verborgen sind.
4. Zur Untersuchung des Einflusses der Nichtumkehrbarkeit kann man die Exergiebilanz anwenden, wobei die Exergie die Qualität der Energie berücksichtigt. Die unwiederbringlichen Exergieverluste sind mit einer Vergrößerung der Betriebskosten oder des Investitionsaufwandes verbunden.
5. Bei der Analyse der Exergiebilanz muß man auch den gegenseitigen Zusammenhängen der Wärmeprozesse Rechnung tragen. Bei einer angestrebten Verbesserung des Prozesses soll die erzielte Verminderung des Exergieverlustes größer sein als die zusätzlich zugeführte Exergie. Andererseits kann aber die Verminderung eines Exergieverlustes die Vergrößerung eines anderen nach sich ziehen.
6. Die Exergie ist keine wirtschaftliche Größe. Trotzdem aber kann sie zur Verallgemeinerung der Betrachtungen bei technisch-wirtschaftlichen Analysen von Prozessen herangezogen werden.

**SCHRIFTTUM**

[1] SZARGUT J., PETELA R.: Egzergia (poln.), Warszawa, 1965

[2] SZARGUT J.: Allgemeine Sätze der Energiebilanz chemischer Prozesse und eine neue Bilanzierungsmethode (poln.), Zesz. Nauk. Pol. Slaskiej, 1956, Energetyka z. 1

[3] SZARGUT J.: Grenzen für die Anwendungsmöglichkeiten des Exergiebegriffs, Brennstoff-Wärme-Kraft, 1967, Nr. 6, S. 309

[4] SZARGUT J.: Anwendung der Exergie zur angenäherten wirtschaftlichen Optimierung, Brennstoff-Wärme-Kraft, 1971, Nr. 12, S. 516

[5] SZARGUT J.: Wärmeökonomische Probleme des Umweltschutzes, Energieanwendung, 1974, Nr. 10, S. 306

[6] BRODIANSKI W.M.: Über ein allgemeines Kriterium für die Bewertung der Leistung energetischer Anlagen (russ.),Teploenergetika 1967, Nr. 3, S. 71

II

# KENNGLEICHUNGEN UND BELASTUNGSKURVEN DER WÄRMEANLAGEN

**Prof. Dr.-Ing. Jan SZARGUT**
**Gliwice (Polen)**

## 1. Energetische Kenngleichungen

Die energetische Kenngleichung drückt die Antriebsenergie als Funktion der Belastungsparameter und der Exploitationsparameter aus. Unter Belastungsparametern versteht man die Ströme der Nutzenergie. Die Exploitationsparameter beschreiben die Qualität der Nutzenergie und der Antriebsenergie, wie auch die anderen Betriebsbedingungen. Z.B. wird im Fall eines Heizkraftwerkes mit einer Kondensations-Entnahmeturbine die Belastung durch die Heizleistung und die elektrische Leistung beschrieben. Die wichtigsten Betriebsparameter sind folgende: Heizwert des Brennstoffs, Luftüberschußzahl, Druck- und Temperatur des Frischdampfs, Druck des Heizdampfs, Druck im Kondensator.

Erzeugt man im untersuchten Prozeß nur eine Nutzenergie bei gegebenen Betriebsparametern, so kann man die Kenngleichung mittels einer Kurve darstellen (Abb. 1)

$$\dot{E}_A = f(\dot{U}) \quad .$$

Den Antriebsenergiestrom $\dot{E}_A$ und den Strom der Nutzenergie $\dot{U}$ kann man in natürlichen Einheiten, in Energieeinheiten ($\dot{E}_A$, $\dot{U}_E$) oder in Exergieeinheiten ($\dot{B}_A$, $\dot{U}_B$) ausdrücken. Sind alle Größen in Energie- oder Exergieeinheiten ausgedrückt worden, so stellt das Verhältnis der Nutzgröße zur Antriebsgröße den thermischen oder exergetischen Wirkungsgrad dar:

$$\eta_t = \frac{\dot{U}_E}{\dot{E}_A} \quad , \qquad \eta_b = \frac{\dot{U}_B}{\dot{B}_A} \quad . \qquad (1)$$

Wenn es auf der Kenngleichungskurve einen Punkt gibt, in dem die Tangente durch den Koordinatenanfang hindurchgeht, so erreicht der Wirkungsgrad in diesem Punkt seinen maximalen Wert. Die so ermittelte optimale Belastung ist vom wirtschaftlichen Gesichtspunkt aus nicht optimal, da bei einer nicht vollen Ausnutzung der Produktionsfähigkeit die fixen spezifischen Produktionskosten vergrößert werden. Die wirtschaftlich optimale Belastung liegt also zwischen dem Punkt des optimalen Wirkungsgrades und dem Punkt der maximalen Leistung.

Außer der Hauptform der Kenngleichung benutzt man auch die Gleichung der relativen Zunahme der Antriebsenergie

$$c = \frac{d\dot{E}_A}{d\dot{U}} = f(\dot{U}) \quad . \qquad (2)$$

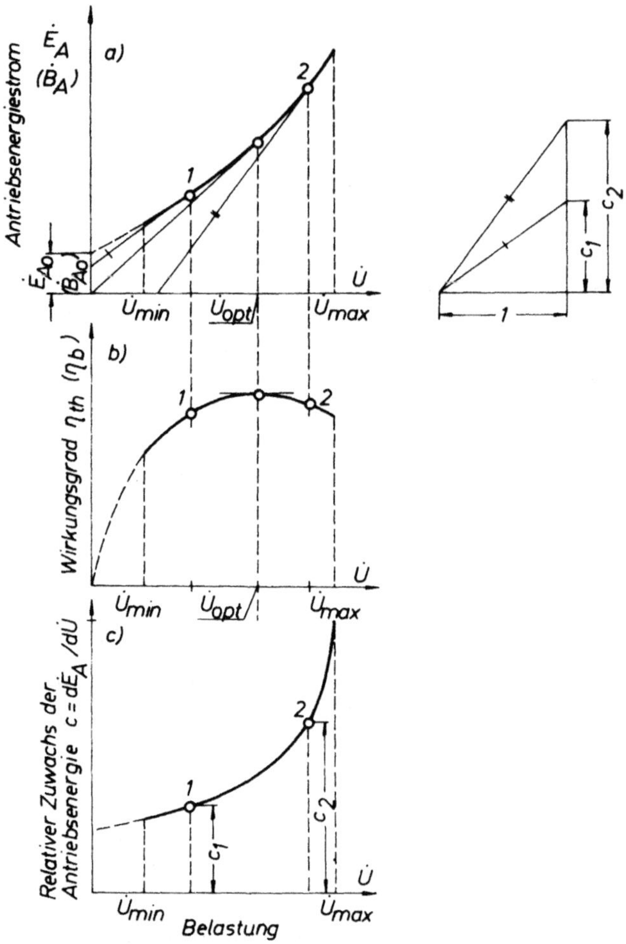


Abb. 1

Energetische Kennkurven eines einfachen Prozesses

Die energetische Kenngleichung wird vor allen Dingen in den folgenden Fällen angewendet:

1. bei der Ermittlung des Bedarfs an Antriebsenergie,
2. zur Kontrolle der Exploitationsgüte,
3. bei der optimalen Belastungsverteilung zwischen parallel arbeitenden Anlagen.

## 2. Energetische Kenngleichungen typischer Anlagen

### 2.1 Dampfturbine ohne regulierte Entnahme

Die Kenngleichung kann mit genügender Genauigkeit in Form einer Geraden dargestellt werden

$$\dot{Q}_d = a_0 + c\,N_e \quad , \tag{3}$$

dabei sind:

$\dot{Q}_d$ – der im Kessel zugeführte Wärmestrom,

$N_e$ – effektive Leistung.

Die Gleichung (3) kann in dimensionsloser Form dargestellt werden:

$$\frac{\dot{Q}_d}{\dot{Q}_{d_n}} = X + (1 - X)\frac{N_e}{N_{e_n}} \quad , \tag{4}$$

dabei sind:

$\dot{Q}_{d_n}$, $N_{e_n}$ – Nennwerte des Wärmestroms und der Leistung,

$X$ Leerlaufkoeffizient

$$X = \frac{a_0}{\dot{Q}_{d_n}} = \frac{a_0}{a_0 + c\,N_{e_n}} \quad . \tag{5}$$

### 2.2 Gegendruckturbine mit regulierter Entnahme

Aus der in Abb. 2 dargestellten Energiebilanz ist der folgende Zusammenhang, der zwischen dem Frischdampfstrom, dem Gegendruckstrom und der Leistung besteht, zu ersehen:

$$\dot{G}_d = \frac{N_{el}}{(i_d - i_p)\eta_m \eta_g} + \dot{G}_u \frac{i_u - i_p}{i_d - i_p} \quad , \tag{6}$$

wobei $\eta_m$, $\eta_g$ den mechanischen und den elektrischen Wirkungsgrad bezeichnen.

Das Produkt $\eta_m \eta_g$ hängt von der Belastung ab. Nach der Bearbeitung von zahlreichen Daten wurde die folgende Mittelwertsgleichung gefunden:

$$\frac{\eta_m \eta_g}{(\eta_m \eta_g)_n} = 1 - 0{,}646\left(1 - \frac{N_{el}}{N_{el_n}}\right)^2 + 1{,}746\left(1 - \frac{N_{el}}{N_{el_n}}\right)^4 - 2{,}099\left(1 - \frac{N_{el}}{N_{el_n}}\right)^6 \quad . \tag{7}$$

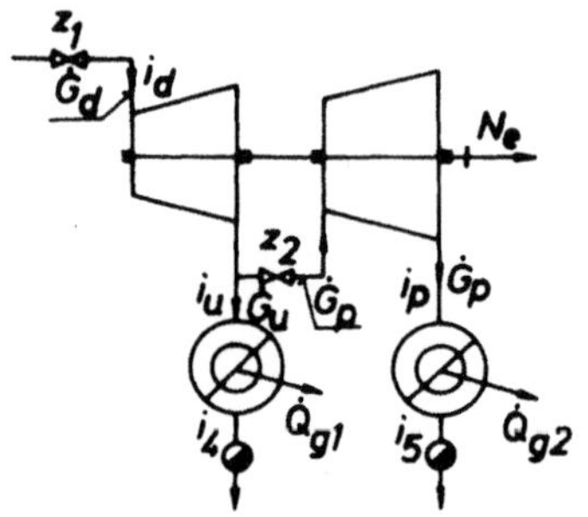


*Abb. 2*

***Schema der Gegendruckturbine mit regulierter Entnahme***

Es gibt also in der Kenngleichung nur zwei unabhängige Veränderliche und sie kann anhand einer Kurvenschar dargestellt werden. Meistens wendet man dafür eine Schar von Geraden an, wie dies aus Abb. 3 hervorgeht. Der Bereich der Anwendbarkeit der Kenngleichung ist in diesem Fall durch folgende Kurven begrenzt:

$\dot{G}_{d_{max}}$ – maximaler Durchsatz des Hochdruckteils der Turbine,

$N_{el_{max}}$ – maximale elektrische Belastung des Turbosatzes,

$\dot{G}_{p_{max}}$ – maximaler Durchsatz des Niederdruckteils der Turbine,

$\dot{G}_{p_{min}}$ – der zur Kühlung des Niederdruckteils der Turbine unentbehrliche Dampfstrom.

## 2.3 Gegenstrom-Wärmeofen

Die Kenngleichungen der Wärmeöfen sind bisher nur sehr wenig und in begrenzten Anwendungsbereichen untersucht worden. Die folgende Kenngleichung eines Gegenstrom-Wärmeofens wurde mittels einer theoretisch-statistischen Methode bestimmt. Die Form der Gleichung wird mit Hilfe einer theoretischen Methode aufgrund vereinfachter Voraussetzungen ermittelt. Die Koeffizienten der Gleichung berechnet man mittels einer statistischen Methode, die auf zahlreichen Meßdaten fußt. Solch eine Methode ermöglicht es, eine richtige Form der Gleichung mit einer recht begrenzten Anzahl statistisch zu ermittelnder empirischer Koeffizienten zu erhalten.

Für theoretische Erwägungen wurden folgende Voraussetzungen angenommen:

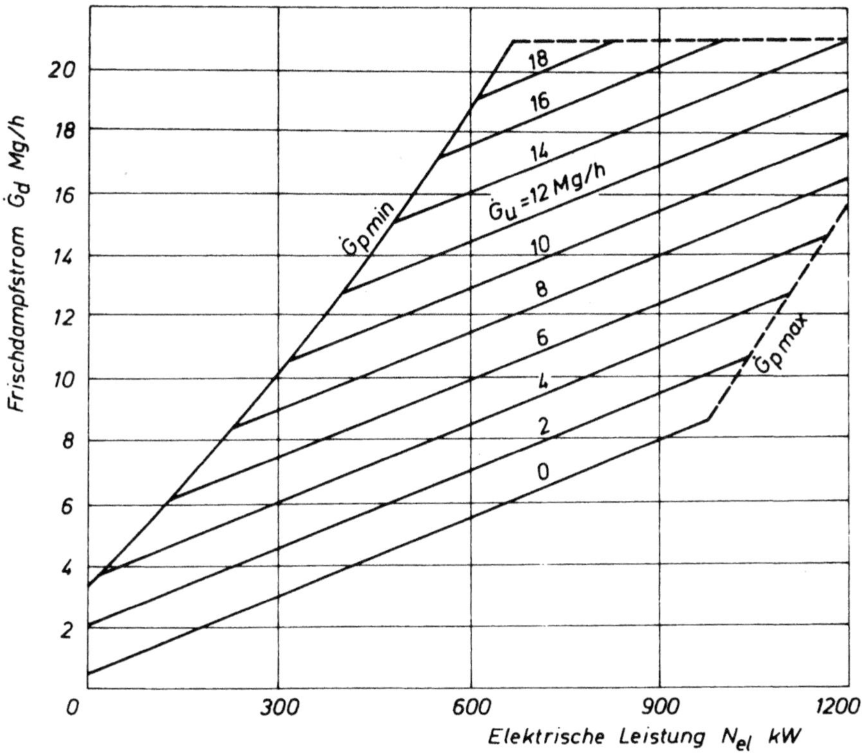


Abb. 3

*Kennkurven einer Gegendruckturbine mit regulierter Entnahme*

a) man betrachtet den Ofen als einen vierstromigen Wärmeaustauscher,
b) die Wärmeübergangskoeffizienten sind konstant,
c) die Wärmekapazität der Rauchgase hängt nur vom Heizwert des Brennstoffs und von der Luftüberschußzahl ab,
d) die Anfangstemperatur der Rauchgase ist gleich jener der Verbrennungstemperatur.

Die Kenngleichung hat dann folgende Form [1]:

$$\dot{P} = \frac{m_1 + m_2 \dot{Q}_N}{M} \quad , \qquad (8)$$

dabei sind:

$$M = H_u + Q_r - S\Delta t_{wd} - [a_1 (H_u + Q_r) - S\Delta t_{ww}] \exp[a_2 + a_3 \frac{\dot{Q}_N}{\dot{P}S(\Delta t_{ww} - \Delta t_{wd})} + a_4 \frac{1}{\dot{P}S}] \quad ,$$

$a_1, a_2, a_3, a_4, m_1, m_2$ – empirische Koeffizienten,
$\dot{P}$ – Brennstoffstrom,
$\dot{Q}_N$ – Nutzwärmeleistung des Ofens,
$S$ – Wärmekapazität der Rauchgase je Brennstoffeinheit,
$H_u$ – Heizwert des Brennstoffs,
$Q_r$ – Rekuperationswärme je Brennstoffeinheit,
$\Delta t_{wd}, \Delta t_{ww}$ – Eintritts- und Austrittstemperatur des Einsatzes von der Umgebungstemperatur an gerechnet.

$$Q_r = l\, q_{rA} + q_{rG} \quad ,$$

dabei sind:

$l$ – Luftmenge je Brennstoffeinheit
$q_{rA}, q_{rG}$ – spezifische Rekuperationswärme der Luft und des gasförmigen Brennstoffs.

Die Form der Gleichung ist implizit. Man muß also eine Probemethode anwenden, um den Brennstoffstrom zu berechnen.

Für einen Stoßofen sind nach der Bearbeitung von Meßdaten folgende Werte für die Koeffizienten der Kenngleichung berechnet worden:

$a_1 = 0{,}749$ $\quad a_2 = 3{,}766$ $\quad a_3 = -0{,}122$ $\quad a_4 = -16{,}771$ kW/K
$m_1 = 2859$ kW $\quad m_2 = 0{,}230$ .

Auf Abb. 4 wird die Kenngleichung für konstante Einsatzguttemperaturen, für konstanten Brennstoff und eine konstante Luftüberschußzahl dargestellt. Mit ihrer Hilfe können folgende Fragen erörtert werden:

a) Berechnung der Brennstoffersparnis durch Rekuperation

Bei der Nutzleistung $\dot{Q}_N = 2$ MW beträgt der Verbrauch an chemischer Energie ohne rekuperative Luftvorwärmung: $\dot{P}_0 H_u = 7{,}7$ MW. Nach Einführung der Luftvorwärmung bis auf $350^0$C ($q_{rA}$ = = 1 MJ/$m_n^3$) erhält man $\dot{P} H_u = 5{,}7$ MW. Die relative Ersparnis der chemischen Energie beträgt also

$$\omega = \frac{\Delta \dot{P} H_u}{\dot{P}_0 H_u} = 26\% \quad .$$

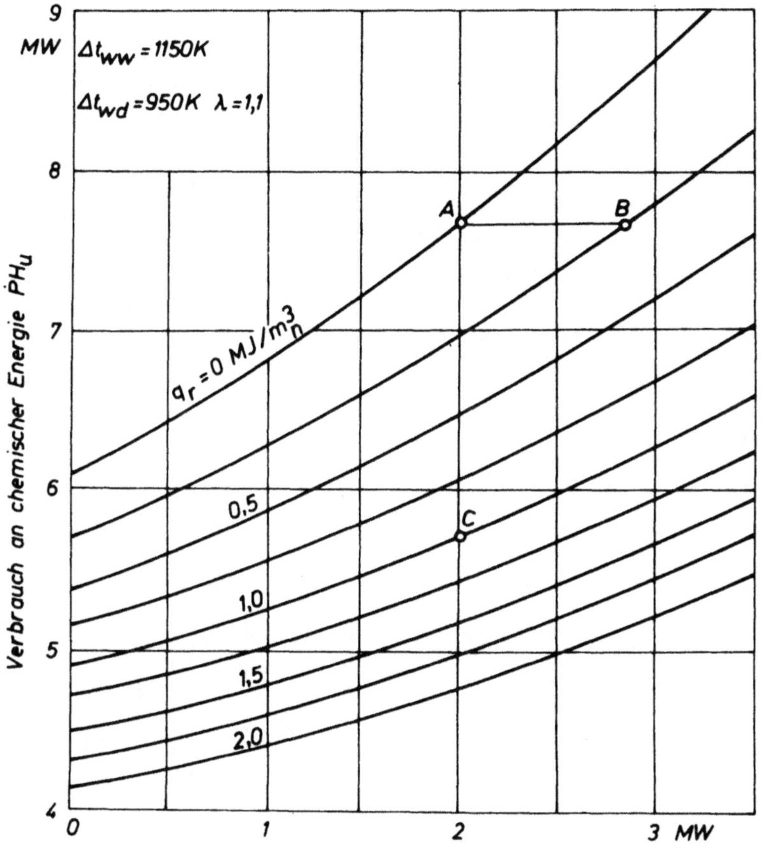


Abb. 4

Kenngleichung eines Wärmeofens

b) Berechnung der Leistungszunahme durch Rekuperation

Bei konstantem Brennstoffverbrauch $\dot{P}H_u$ = 7,7 MW bewirkt das Einführen der Rekuperation mit $q_r$ = 0,25 MJ/$m_n^3$ die Erhöhung der Nutzleistung von 2 auf 2,87 MW.

## 3. Belastungskurven

### 3.1 Mittelwertskurve

Die Belastung der energetischen Anlagen ist meistens veränderlich, worauf der Tageszeitpunkt, der Wochentag, die Jahreszeit und verschiedene stochastische Ursachen Einfluß haben. Will man die wahrscheinlichen Belastungen voraussehen, so muß die Mittelwertskurve der Belastung ermittelt werden. Auf Abb. 5 wird nach M. Wolf eine falsche und die richtige Ermittlung der Mittelwertskurve gezeigt [4]. Im ersten Fall a) wurden die Mittelwerte für die einzelnen Zeitpunkte errechnet. Bei dieser Methode treten die maximalen und minimalen Werte der Belastung nicht mehr in Erscheinung. Bei der richtigen Methode b) hat man die Mittelwerte der Zeitpunkte der extremen Belastungen zu finden, die extremen Werte der Belastung zu berücksichtigen und nur die einseitigen Mittelwerte der Spitzenbreiten zu berechnen:

$$\overline{x} = \frac{1}{n}(x_1 + \ldots + x_n) \quad . \tag{9}$$

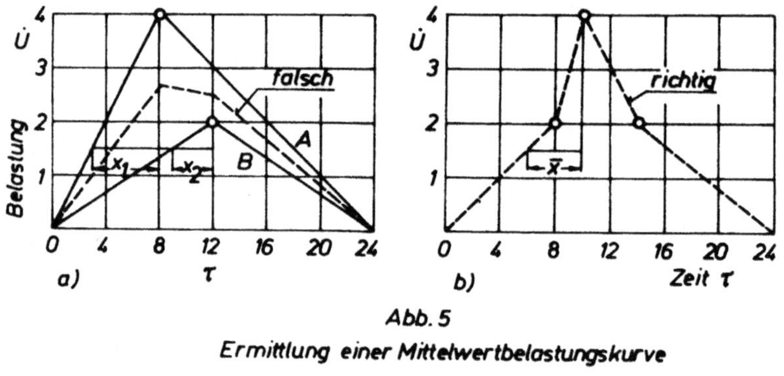


Abb. 5

*Ermittlung einer Mittelwertbelastungskurve*

### 3.2 Geordnete Belastungskurve (Dauerkurve)

Die Ermittlung der Mittelwertbelastungskurve ist sehr mühsam, da man diese Kurven getrennt für Arbeitstage und Feiertage wie auch für verschiedene Jahreszeiten bearbeiten muß. Für zahlreiche energetische Berechnungen genügt es, die Zeitdauer der verschiedenen Belastungsbereiche zu kennen. Zu diesem Zweck ermittelt man die geordnete Belastungskurve. Auf Abb. 6 ist dafür die einfachste Konstruktionsmethode dargestellt. Man summiert in horizontaler Richtung die Spitzenbreiten bei einzelnen Belastungen. Wie man die erhaltene geordnete Belastungskurve verstehen soll, ist Abb. 6 zu entnehmen.

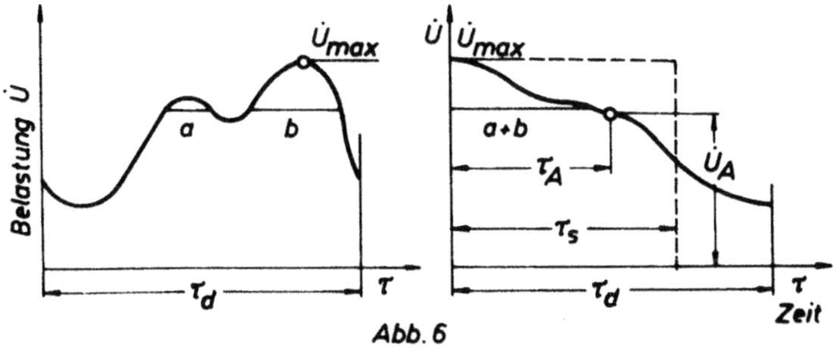


*Abb. 6*

*Ermittlung einer geordneten Belastungskurve*

Der Punkt A informiert uns z.B. darüber, daß Belastungen, die mehr als $\dot{U}_A$ betragen, eine summarische Zeitdauer $\tau_A$ haben. Die Wahrscheinlichkeit des Auftretens der Belastung $\dot{U} > \dot{U}_A$ beträgt also $\tau_A/\tau_d$, wobei $\tau_d$ das summarisch untersuchte Zeitintervall bezeichnet (meistens ein ganzes Jahr). Die Fläche unterhalb der geordneten Belastungskurve stellt das summarische Ergebnis (z.B. die summarische Produktion) dar.

Die Unregelmäßigkeit der Belastung kann man durch verschiedene Koeffizienten charakterisieren. Oftmals benutzt man dazu die sogenannte Benützungsdauer der Spitzenbelastung $\tau_s$. Die Größe $\tau_s$ gleicht der Breite des Rechtecks, dessen Höhe der Spitzenbelastung entspricht, wobei dessen Fläche derjenigen unter der Belastungskurve gleicht.

### 3.3 Anwendungsbeispiel: Ermittlung des jährlichen Energiebedarfs

Als typische Anwendung einer geordneten Belastungskurve kann die Ermittlung des jährlichen Energiebedarfs erörtert werden. Dazu muß man sich außerdem der energetischen Kennkurve bedienen (Abb. 7). Die Ordinaten der geordneten Belastungskurve werden auf die Kennkurve und die erhaltenen Antriebsenergieströme zurück auf die untersuchte Abszisse übertragen. So erhält man eine geordnete Kurve des Antriebsenergiestromes. Die Fläche unterhalb der erhaltenen Kurve zeigt den jährlichen Energiebedarf für die untersuchte Anlage.

### 3.4 Häufigkeitskurve der Belastungen

Anstatt einer geordneten Kurve der Belastungen kann man sich auch einer Häufigkeitskurve bedienen. Die Wahrscheinlichkeitsdichte (Häufigkeit) einer Belastung kann folgendermaßen berechnet werden:

$$\bar{p} = -\frac{1}{\tau_d}\frac{d\tau}{d\dot{U}} \quad . \qquad (10)$$

Auf Abb. 8 wird gezeigt, wie man von einer geordneten Kurve der Belastung zur Häufigkeitskurve übergehen kann. Die Ableitung $d\tau/d\dot{U}$ kann man mittels der Tangente an die geordnete Belastungskurve in Richtung der Abszissenachse ablesen. Die Wahrscheinlichkeitswerte $p/_A^B$, d.h. die Wahrscheinlichkeit dafür, daß die Belastung zwischen den Werten $\dot{U}_A$ und $\dot{U}_B$ liegt,

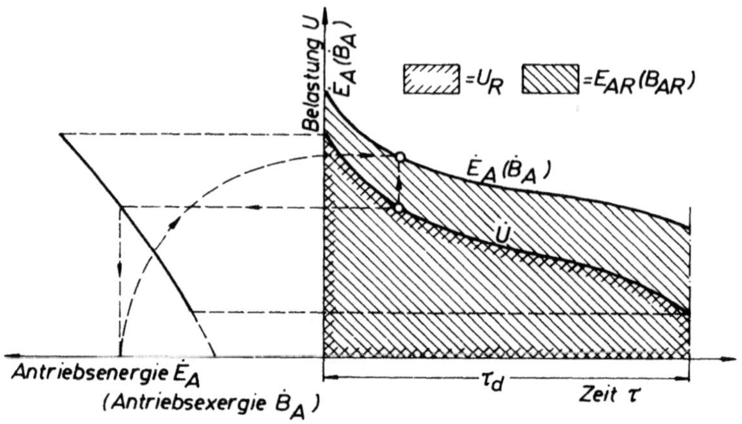


Abb. 7

Ermittlung des jährlichen Energiebedarfs mittels einer ge--ordneten Belastungskurve

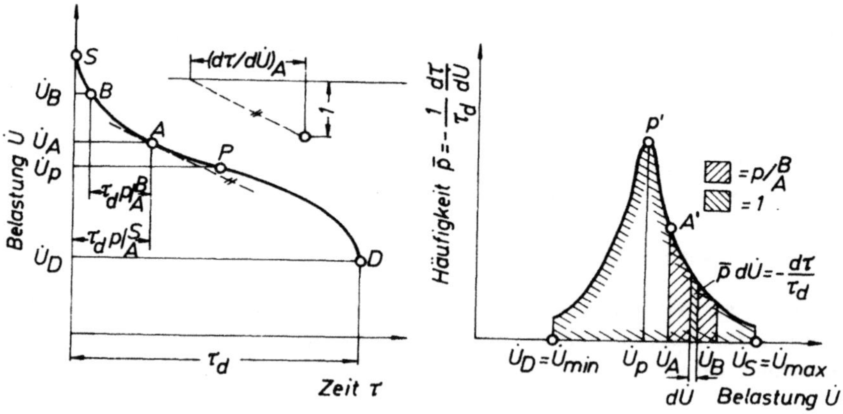


Abb. 8

Geordnete Kurve und Häufigkeitskurve der Belastung

kann man aus einer Häufigkeitskurve nur durch Integration finden. Deshalb ist diese Kurve nicht so bequem wie die geordnete Kurve.

### 3.5 Komposition der geordneten Belastungskurven

Die geordneten Kurven verschiedener Anlagen dürfen nicht unmittelbar summiert oder subtrahiert werden, da die auf derselben Abszisse liegenden Werte grundsätzlich nicht gleichzeitig auftreten. Man muß also die Regeln der Wahrscheinlichkeitsrechnung anwenden, was aber nur dann ohne Schwierigkeit möglich ist, wenn sich die untersuchten Belastungen unabhängig voneinander ändern.

Die Frage des Addierens oder Subtrahierens von sich stochastisch ändernden Belastungen tritt in folgenden Fällen auf:

a) bei gleichzeitigem veränderlichen Verbrauch eines Energieträgers in verschiedenen Anlagen,

b) bei gleichzeitiger ungeregelter Erzeugung eines Energieträgers in mehreren Anlagen (z.B. Dampferzeugung in Abhitzekesseln und Verdunstungskühlanlagen, Hochofengaserzeugung in mehreren Öfen).

c) bei veränderlichem Verbrauch eines Energieträgers, der unregelmäßig erzeugt wird.

Die Ermittlung einer resultierenden geordneten Kurve kann z.B. zur Lösung folgender Fragen dienen:

a) Ermittlung der Überschüsse und des Mangels an Energieträgern,

b) Optimierung von Abhitzekesseln,

c) Optimierung der Spitzenerzeugung des Energieträgers.

Bei der Ermittlung der resultierenden geordneten Kurven muß man eine Komposition (eine Faltung) der vorgegebenen Kurven durchführen. Auf Abb. 9 wird eine vom Verfasser dafür entwickelte Methode dargestellt [2]. Man teilt die Diagramme in horizontale Streifen gleicher Breite. Die Zeitintervalle der zugehörigen Belastungsbereiche werden mit $\Delta\tau_{A_i}$ und $\Delta\tau_{B_i}$ bezeichnet. Auch den Nullstreifen muß man berücksichtigen. Die Wahrscheinlichkeit des Auftretens der Belastung (von A oder von B) im Streifen „j" beträgt

$$p_j = \frac{\Delta\tau_j}{\tau_d} \quad . \tag{11}$$

Die Wahrscheinlichkeit des gleichzeitigen Auftretens der Belastung von Anlage A im Streifen „j" und der Belastung von Anlage B im Streifen „k" ist nach den Regeln der Wahrscheinlichkeitsrechnung durch das Produkt der entsprechenden Einzelwahrscheinlichkeiten (nach Voraussetzung sind die Ereignisse bei A und bei B voneinander unabhängig), d.h. durch

$$p_{jk} = \frac{\Delta\tau_{A_j}\,\Delta\tau_{B_k}}{\tau_d^2} \tag{12}$$

gegeben. Es gibt zahlreiche Kombinationen der Indizes j und k, die die gleiche summarische Belastung ergeben. Nimmt man etwa an, daß in jedem Streifen jeweils nur die mittlere Belastung auftritt (z.B. entspricht dem Streifen 3 eine Belastung 2,5), so gibt z.B. das Zusammentreffen der Indizes 3 und 4 jeweils eine Belastung von 2,5 + 3,5 = 6. Diese Überlegung führt sofort zur folgenden Formel für die Belastungsdauer im Streifen „i" für die sich aus den Anlagen A und B ergebende summarische Belastung:

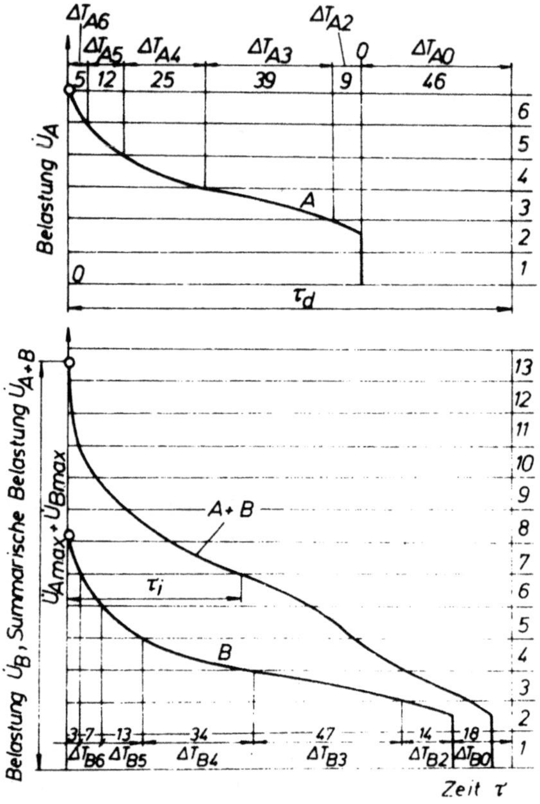


Abb 9

Komposition der geordneten Kurven bei Ermitt- -lung der summarischen Belastung

$$\Delta\tau_i = \frac{1}{\tau_d}[\Delta\tau_{A_i}(\Delta\tau_{B_0}+\Delta\tau_{B_1}) + \Delta\tau_{A_{i-1}}\Delta\tau_{B_2} + \ldots + \Delta\tau_{A_2}\Delta\tau_{B_{i-1}} + (\Delta\tau_{A_1}+\Delta\tau_{A_0})\Delta\tau_{B_i}] \quad . \tag{13}$$

Die Berechnungen lassen sich am einfachsten mit einer Tabelle durchführen (Tab.1). In horizontaler Richtung sind die Indizes des resultierenden Diagramms eingetragen. Die Indizes der Anlage A sind vertikal eingeschrieben, und jenen der Anlage B ist die diagonale Richtung zugeordnet. Die Produktsummen Σ geben nach dem Dividieren durch $\tau_d$ die Werte $\Delta\tau_i$.

Auf Abb. 10 ist das Subtrahieren der Belastungen dargestellt. Ähnlich wie im vorigen Fall teilt man die Diagramme in horizontale Streifen von gleicher Breite. Auf dem resultierenden Diagramm treten auch negative Indizes auf. Die Belastungsdauer im i-ten Streifen des resultierenden Diagramms ist durch folgende Formel gegeben:

$$\Delta\tau_i = \frac{1}{\tau_d}(\Delta\tau_{A_n}\Delta\tau_{B(n-i)} + \Delta\tau_{A(n-1)}\Delta\tau_{B(n-i-1)} + \ldots + \Delta\tau_{A_i}\Delta\tau_{B_0}) \quad . \tag{14}$$

Die Berechnungen lassen sich ähnlich wie vorher anhand einer Tabelle durchführen (Tab. 2). Obwohl die geordnete Kurve der erzeugenden Anlage höher liegt als die geordnete Kurve der verbrauchenden Anlage, ergeben sich aus dem resultierenden Diagramm nicht nur Überschüsse, sondern auch Mangel am betreffenden Energieträger. Dies folgt daraus, daß es zahlreiche Zeitpunkte gibt, in denen der Verbrauch B größer ist als die Erzeugung A.

Mit den erörterten Berechnungen kann man auch manche Regelmäßigkeiten im Belastungsablauf berücksichtigen, d.h. also auch gewisse Fälle, bei denen die Voraussetzung der vollständig unabhängigen Veränderlichkeit der Belastungen nicht erfüllt ist. Auf Abb. 11 wird gezeigt, wie man die geplanten Reparaturen berücksichtigen kann unter der Voraussetzung, daß sie nicht gleichzeitig durchgeführt werden.

Es gibt für zwei Anlagen die beiden Reparaturzeitdauern $R_1$ und $R_2$. Jedes Diagramm muß in horizontaler Richtung in zwei Diagramme zerlegt werden: $P_1 + R_2$ und $P_2 + R_1$. Man berücksichtigt also den Umstand, daß während der Reparatur der Anlage 2 die Anlage 1 normal arbeitet, ohne aber die Möglichkeit von zufälligen Störungen außer acht zu lassen. Durch eine Komposition der Diagramme $P_1$ und $P_2$ berechnet man die geordnete Kurve für das Zeitintervall ihres gleichzeitigen Betriebes und addiert dazu in horizontaler Richtung die Diagramme $R_1$ und $R_2$.

## 4. Analyse der Hochofengas- und Dampfwirtschaft anhand der geordneten Kurven

Die Produktion des Hochofengases ändert sich unregelmäßig. Auf Abb. 12 wird die geordnete Kurve des erzeugten Gasstroms dargestellt. Die geordnete Kurve des Gasbedarfs für gasbeheizte Öfen muß unterhalb der geordneten Kurve für die Gaserzeugung liegen, da die Gasproduktion dem Bedarf nicht angepaßt werden kann. Die auftretenden Überschüsse werden in einem Doppelbrennstoff-Dampfkessel verbrannt. Auf Abb. 12 ist auch die resultierende geordnete Kurve der Gasüberschüsse und des Gasmangels dargestellt. Der Gasmangel muß durch andere Brennstoffe ersetzt werden. Der für die Kesselanlage zur Verfügung stehende Gasüberschuß kann (da kein Gasspeicher vorhanden ist) nicht völlig verwertet werden, da die Höchstwerte des Überschusses die höchstmöglichen Verbrauchswerte überschreiten.

**Tabelle 1** **Berechnung der Komposition von geordneten Kurven bei Summierung der Belastungen**

| | | Streifen A + B | | | | | | | | | | | | |
|---|---|---|---|---|---|---|---|---|---|---|---|---|---|---|
| | | 12 | 11 | 10 | 9 | 8 | 7 | 6 | 5 | 4 | 3 | 2 | 1 | 0 |
| Streifen A | 6 | 5·3 | 5·7 | 5·13 | 5·34 | 5·47 | 5·14 | 5·(0+18) | | | | | | |
| | 5 | | 12·3 | 12·7 | 12·13 | 12·34 | 12·47 | 12·14 | 12·(0+18) | | | | | |
| | 4 | | | 25·3 | 25·7 | 25·13 | 25·34 | 25·47 | 25·14 | 25·(0+18) | | | | |
| | 3 | | | | 39·3 | 39·7 | 39·13 | 39·34 | 39·47 | 39·14 | 39·(0+18) | | | |
| | 2 | | | | | 9·3 | 9·7 | 9·13 | 9·34 | 9·47 | 9·14 | 9·(0+18) | | |
| | 1 | | | | | | 0·3 | 0·7 | 0·13 | 0·34 | 0·47 | 0·14 | 0·(0+18) | |
| | 0 | | | | | | 46·3 | 46·7 | 46·13 | 46·34 | 46·47 | 46·14 | 46·0 | 46·18 |
| Streifen B | | | | | | | 7 | 6 | 5 | 4 | 3 | 2 | 1 | 0 |
| Σ | | 15 | 71 | 224 | 618 | 1268 | 2192 | 3198 | 3303 | 2983 | 2990 | 806 | 0 | 828 |
| $\Delta\tau_i = \Sigma/\tau_d$ | | 0,1 | 0,5 | 1,7 | 4,6 | 9,3 | 16,1 | 23,5 | 24,3 | 21,9 | 22,0 | 5,9 | 0 | 6,1 |

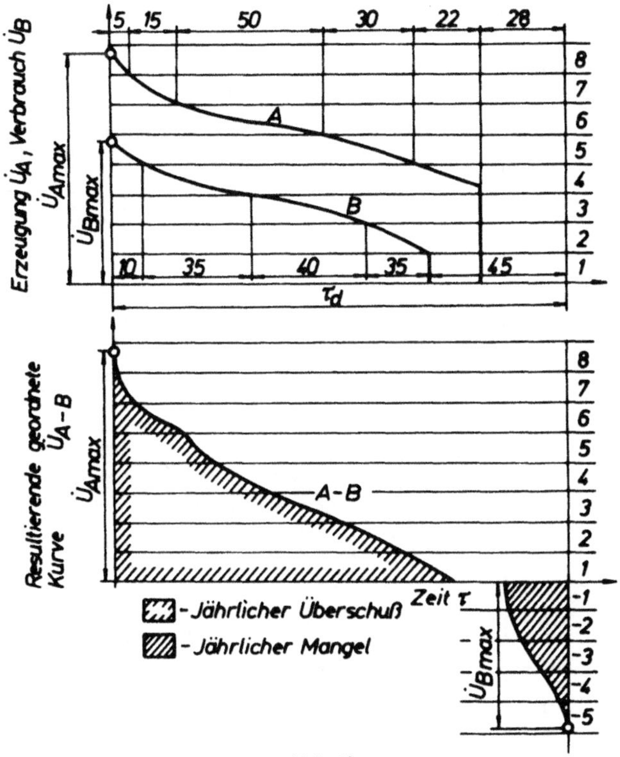


Abb. 10

Komposition der geordneten Kurven beim Sub-
-trahieren der Belastungen

**Tabelle 2** **Komposition der geordneten Kurven beim Subtrahieren der Belastungen**

| Streifen A–B | | 8 | 7 | 6 | 5 | 4 | 3 | 2 | 1 | 0 | -1 | -2 | -3 | -4 | -5 | |
|---|---|---|---|---|---|---|---|---|---|---|---|---|---|---|---|---|
| Streifen A | 8 | 5·45 | 5·0 | 5·20 | 5·40 | 5·35 | 5·10 | | | | | | | | | |
| | 7 | | 15·45 | 15·0 | 15·20 | 15·40 | 15·35 | 15·10 | | | | | | | | |
| | 6 | | | 50·45 | 50·0 | 50·20 | 50·40 | 50·35 | 50·10 | | | | | | | |
| | 5 | | | | 30·45 | 30·0 | 30·20 | 30·40 | 30·35 | 30·10 | | | | | | |
| | 4 | | | | | 22·45 | 22·0 | 22·20 | 22·40 | 22·35 | 22·10 | | | | | |
| | | | | | | | | | | | | | | | | |
| | 0 | | | | | | | | | 28·45 | 28·0 | 28·20 | 28·40 | 28·35 | 28·10 | |
| Streifen B | | | | | | | | | | 0 | 1 | 2 | 3 | 4 | 5 | |
| $\Sigma$ | | 225 | 675 | 2350 | 1850 | 2765 | 3175 | 3540 | 2430 | 2330 | 220 | 560 | 1120 | 980 | 280 | $22500 = \tau_d^2$ |
| $\Delta\tau_i = \Sigma/\tau_d$ | | 1.5 | 4.5 | 15.7 | 12,3 | 18,4 | 21,2 | 23,6 | 16,2 | 15,5 | 1,5 | 3,7 | 7,5 | 6,5 | 1,9 | $150 = \tau_d$ |
| $\tau_i$ | | 1.5 | 6.0 | 21,7 | 34,0 | 52,4 | 73.6 | 97,2 | 113,4 | 128,9 | 130,4 | 134,1 | 141,6 | 148,1 | 150,0 | |

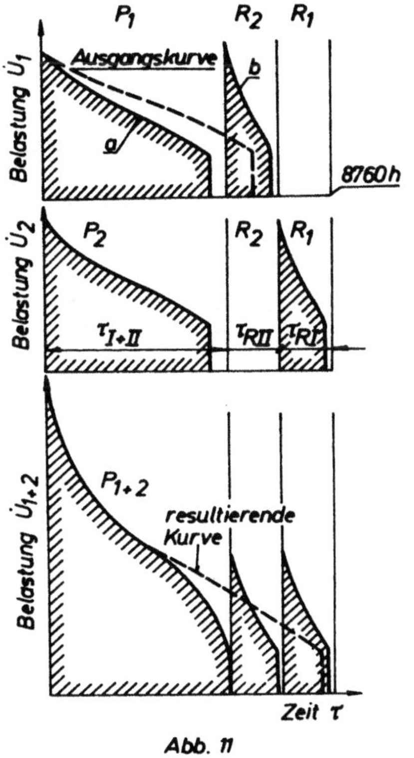


Abb. 11

Berücksichtigung der geplanten Reparaturen bei der Komposition von geordneten Kurven

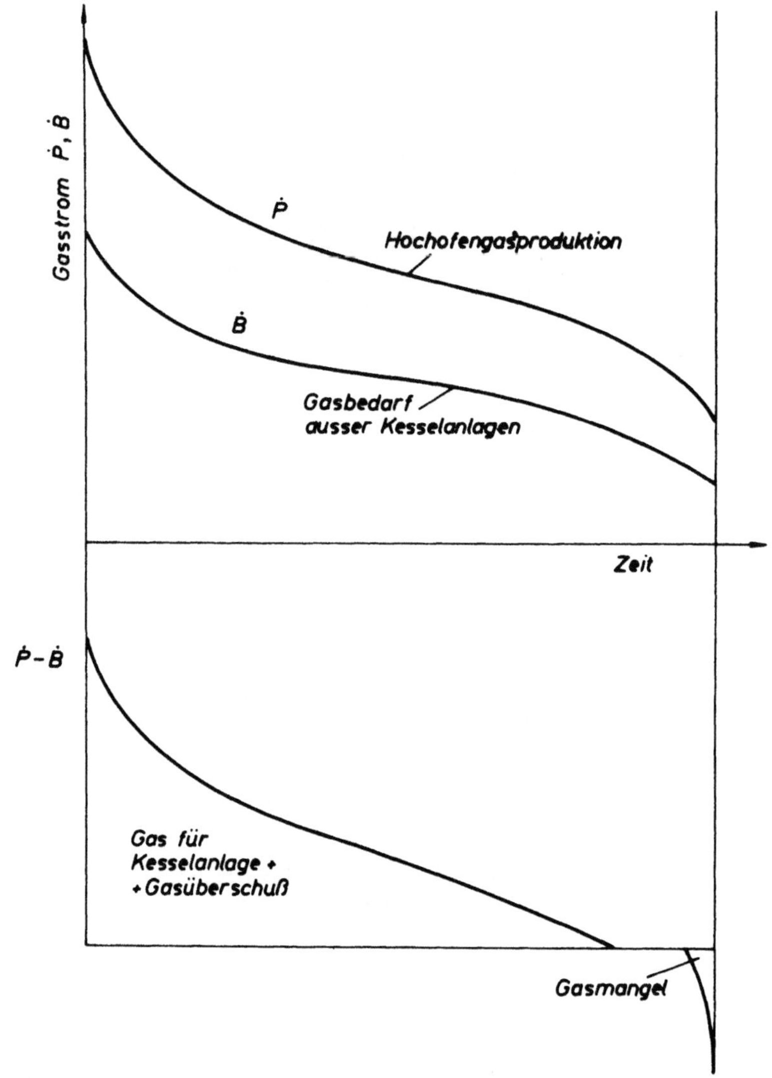


Abb. 12

Geordnete Kurven der Gaserzeugung und des Gasverbrauchs

Im oberen Teil von Abb. 13 werden die geordneten Kurven des Dampfbedarfs und der Abhitzedampferzeugung dargestellt. Der untere Teil von Abb. 13 zeigt die geordnete Kurve des Dampfbedarfs und der Dampfüberschüsse nach der Subtraktion der geordneten Kurve der Abhitzedampferzeugung. Der resultierende Dampfbedarf soll durch einen Doppelbrennstoffkessel gedeckt werden. Es lohnt sich aber nicht, die Nennleistung des Kessels dem Höchstwert des Dampfbedarfs anzupassen, da in diesem Fall die Investitionskosten des Kessels zu hoch wären und die Exploitation (Ausnützung) dieser Anlage überwiegend bei ungünstigen niedrigen Belastungen erfolgen würde. Deshalb muß ein optimaler Dampfmangel eingeplant sein.

Will man den Brennstoffbedarf für den Kessel ermitteln, so muß man dessen energetische Kennkurve zusätzlich berücksichtigen. Auf Abb. 14 wird die geordnete Kurve des Dampfbedarfs und die energetische Kennkurve des Kessels dargestellt. Außerdem wird die Kurve des höchstmöglichen Gasverbrauchs im Kessel eingetragen. Alle Werte sind in Energieeinheiten ausgedrückt worden. Mittels der früher gezeigten Methode findet man die geordnete Kurve des Brennstoffverbrauchs und die geordnete Kurve des höchstmöglichen Gasverbrauchs im Kessel. Die letztgenannte Kurve ist mit der geordneten Kurve der verfügbaren Gasmenge zu vergleichen (Abb. 15), worauf dann die Kurvenfaltung berechnet werden muß. So erhält man die geordnete Kurve des resultierenden Gasüberschusses, der abgefackelt werden muß (wenn er nicht gespeichert wird). Die Differenz der Flächen A – C drückt die im Kessel verbrauchte Gasmenge aus. Aus der Differenz B – (A – C) ergibt sich die für den Kessel erforderliche Steinkohlenmenge.

## 5. Optimale Erzeugung und Ausnutzung des Abhitzedampfes

Als ein ausführliches Beispiel der Anwendung von geordneten Kurven soll die Frage der Erzeugung und der Ausnutzung von Abhitzedampf erörtert werden [3].

In einem Hüttenwerk erzeugt man den Abhitzedampf in Abhitzekesseln und in Verdunstungskühlanlagen. Die Erzeugung des Abhitzedampfes kann nicht dem Bedarf angepaßt werden. Man muß also einen mit Brennstoff beheizten Spitzenlastkessel installieren. Dabei wirft sich die Frage der Optimierung auf, und zwar sollen:

1. die Flächengröße des Abhitzekessels und
2. die Nennleistung des Spitzenlastkessels

optimiert werden. Zwecks Vereinfachung nehmen wir an, daß die inneren Konstruktionsparameter des Abhitzekessels vorgegeben sind.

Die jährlichen Kosten der Dampfwirtschaft kann man folgendermaßen zum Ausdruck brigen:

$$K = \epsilon_u I_u + \epsilon_s I_s + K_{eu} + K_{es} + K_D \quad , \tag{15}$$

dabei sind:

| | |
|---|---|
| $I_u, I_s$ | Investitionsaufwand des Abhitzekessels und des Spitzenlastkessels, |
| $\epsilon_u, \epsilon_s$ | Zinssatz der Amortisation und der Kapitalverzinsung, |
| $K_{eu}, K_{es}$ | Exploitationskosten des Abhitzekessels und des Spitzenlastkessels pro Jahr, |

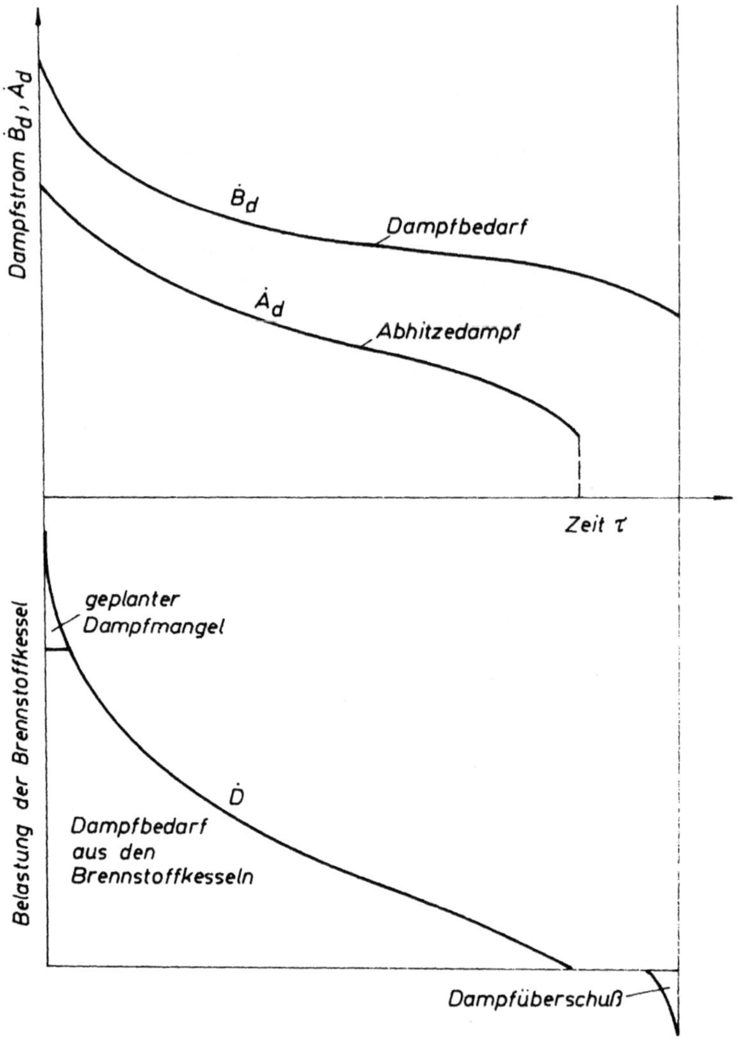


Abb. 13

Geordnete Kurven des Dampfbedarfs und der Abhitzedampferzeugung

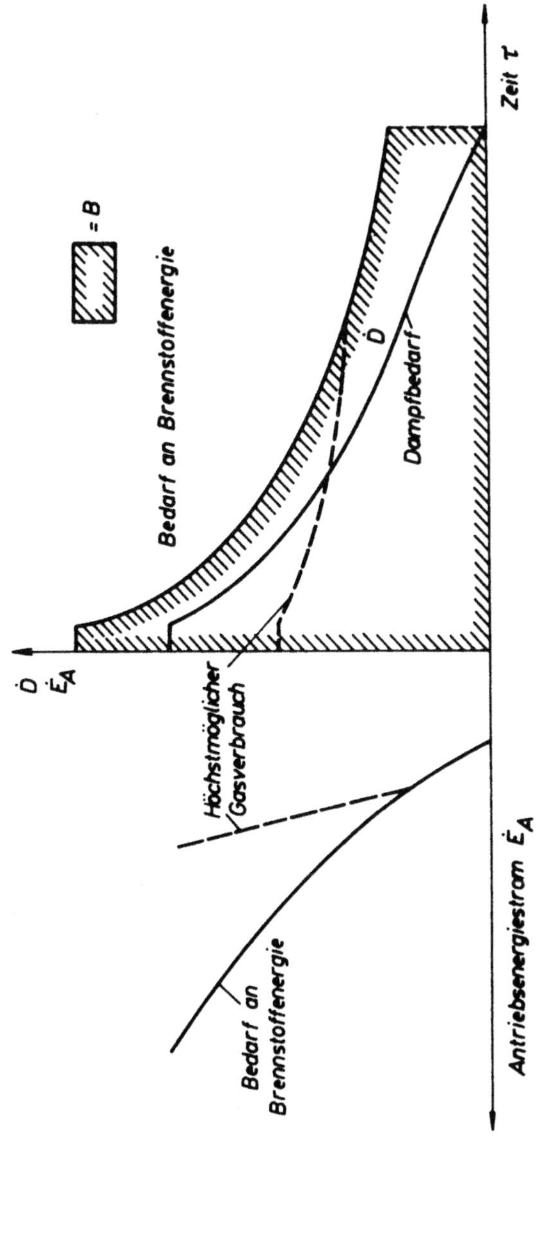


Abb. 14

Ermittlung der geordneten Kurve des höchstmöglichen Gasverbrauchs im Kessel

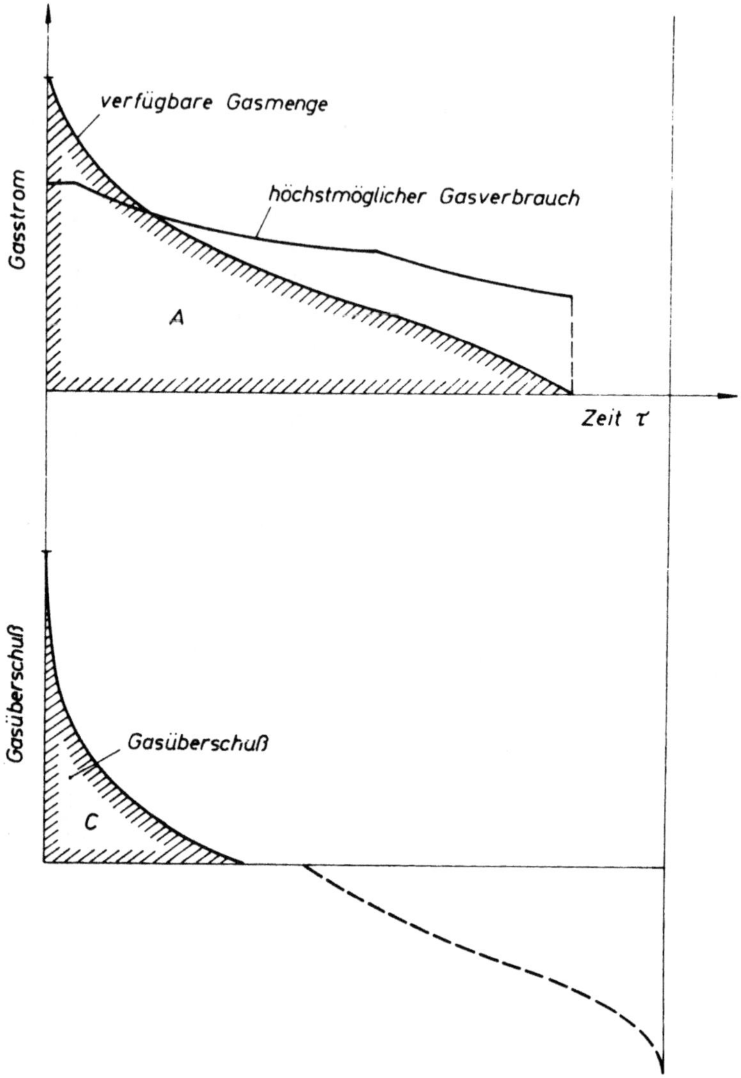


Abb. 15
Ermittlung der resultierenden geordneten Kurve des Gasüberschusses

$K_D$ – die durch zeitweiligen Dampfmangel verursachten wirtschaftlichen Verluste.

Gleichung (15) stellt die Zielfunktion für die Optimierung dar, da die jährlichen Kosten einen Minimalwert erreichen sollen:

$$K \rightarrow \min \quad . \tag{16}$$

## 5.2 Untersuchung der durch Dampfmangel verursachten Verluste

Für alle dampfgespeisten Einrichtungen müssen die Verluste festgestellt werden, die bei Dampfmangel entstehen. Die Verluste $K_i$ bei einer dampfgespeisten Anlage mit der Ordnungsnummer i hängen von der Dauer und Größe des Dampfmangels ab

$$K_i = K_i(\dot{G}_D, \tau) \quad , \tag{17}$$

dabei sind:

$i$ – Ordnungsnummer der dampfgespeisten Einrichtung,

$\dot{G}_D$ – Dampfstrommangel,

$\tau$ – Dauer des Dampfmangels.

Die Größe $K_i$ setzt sich aus drei Komponenten zusammen:

$$K_i = K_{i_1} + K_{i_2} + K_{i_3} \quad , \tag{18}$$

dabei sind:

$K_{i_1}$ – Kosten der vernichteten Rohstoffe und Energieträger,

$K_{i_2}$ – Kosten der wiederholten Inbetriebsetzung,

$K_{i_3}$ – Kosten der Nachholung der Produktion.

Wenn die Produktion nicht nachgeholt werden kann, muß man anstatt $K_{i_3}$ folgende Faktoren berücksichtigen: die verlorenen Kosten für die Arbeitskräfte, die verlorenen fixen Kosten für die betreffende Anlage (infolge der nicht ausgenutzten Produktionsfähigkeit) und die indirekten Verluste, die in anderen Produktionsprozessen infolge des Mangels an Vorprodukten aus der betreffenden Anlage entstehen.

Nach der Ermittlung der Beziehungen (17) muß eine optimale Reihenfolge der Ausschaltung der dampfgespeisten Anlagen festgelegt werden. Daraufhin ist die Mittelwertskurve des Dampfbedarfs im betrachteten Betrieb zu ermitteln und die Mittelwertskurve der Abhitzedampferzeugung in den betreffenden Anlagen aufzustellen (Abb. 16).

Die Lage der Mittelwertskurve für die Dampferzeugung hängt nun von der Nennleistung

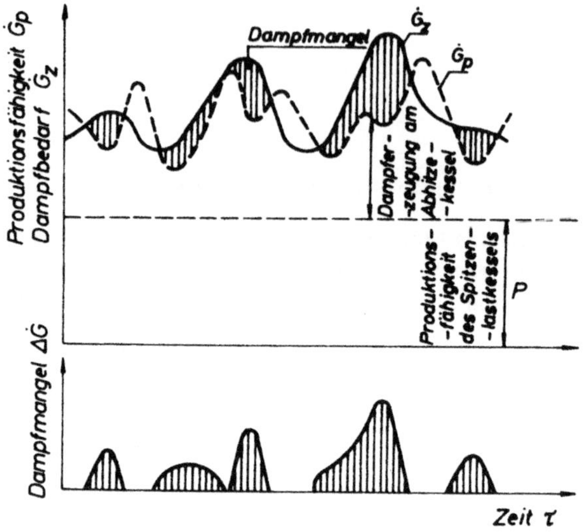


Abb. 16
Mittelwertskurve des Dampfbedarfs und der Dampferzeugung

des Spitzenlastkessels ab, die als Parameter P angenommen wird. Für verschiedene Werte des Parameters P legt man die Mittelwertskurven des Dampfbedarfs und der um die Nennleistung des Spitzenlastkessels vermehrten Abhitzedampferzeugung aufeinander und bekommt so die Mittelwertskurven des Dampfmangels. Man kann dabei der Speicherfähigkeit der Rohrleitungen durch Abschneiden der kurzen Spitzen (die weniger als 15 Minuten dauern) Rechnung tragen. So kann man für jeden Wert von P die jährlichen Verluste feststellen, die im Dampfmangel ihre Ursache haben.

### 5.3 Berechnung der Produktionsfähigkeit von Abhitzekesseln

Zwecks Vereinfachung der weiteren Überlegungen nehmen wir an, daß alle Abhitzekessel gleich sein sollen, und daß die geforderten Dampfzustandsgrößen eingehalten werden.

Als Grundlage der Berechnungen wird eine geordnete Kurve des Rauchgasstroms und eine Korrelationskurve zwischen dem Rauchgasstrom und dessen Temperatur verwendet (Abb. 17). Die beiden Kurven erhält man nach der Auswertung der Meßdaten. Für einen Mittelwert des Rauchgasstroms und für einige angenommene Temperaturwerte der aus dem Kessel abfließenden Gase berechnet man die zugehörigen Flächen des Überhitzers, des Verdampfers und des Vorwärmers im Kessel (Abb. 18). So bekommt man einige Varianten des Abhitzekessels.

Die Exploitationsbedingungen des Kessels sind veränderlich und deshalb ist die Berechnung der jährlichen Dampfproduktion nicht einfach. Man teilt die geodnete Kurve des

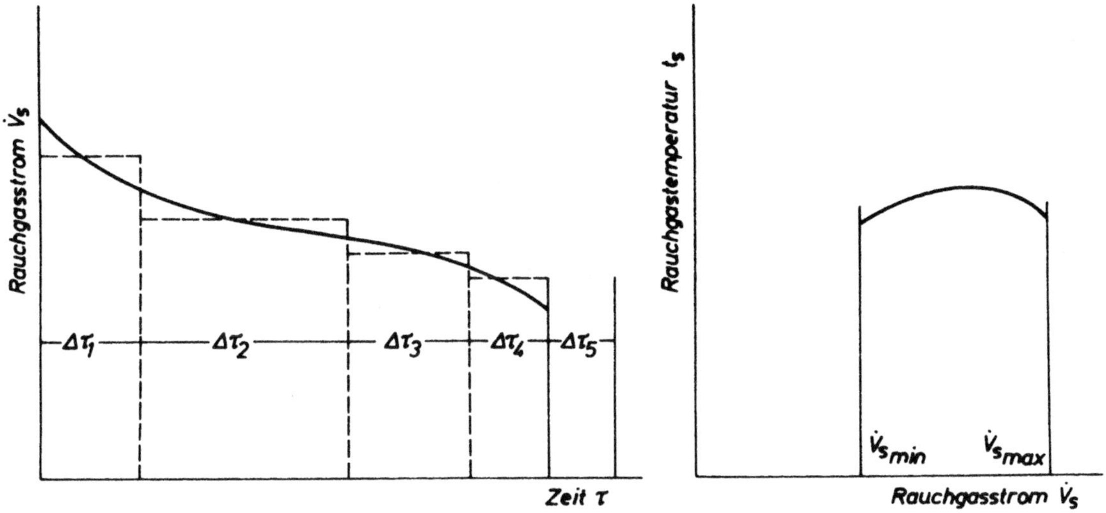


*Abb. 17*
*Geordnete Kurve des Rauchgasstroms und Kennlinie der Rauchgastemperatur*

Rauchgasstroms in Zeitabschnitte ein, in denen man konstante Werte des Rauchgasstroms annimmt. Für die einzelnen Abschnitte der geordneten Kurve und für entsprechende Rauchgastemperaturen berechnet man die Dampfströme und Dampftemperaturen. Man muß dabei versuchsweise vorgehen, da für die untersuchte Kesselvariante die Flächengrößen $F_{pg}$, $F_p$, $F_{pw}$ früher festgestellt worden sind. Wenn die Exploitationsbedingungen des Kessels vom Mittelwert abweichen, können zwei Möglichkeiten auftreten (Abb. 19):

a) die Temperatur des vorgewärmten Wassers kann niedriger sein als die Sättigungstemperatur,

b) die Verdampfung kann teilweise schon im Wasservorwärmer stattfinden.

Beide Möglichkeiten müssen in einem Berechnungsalgorithmus berücksichtigt werden.

Nach der Berechnung der Dampfstromwerte wird für jede untersuchte Kesselvariante eine geordnete Kurve der Dampfproduktion angefertigt. Daraufhin ermittelt man die Komposition der geordneten Kurven für alle Abhitzedampfquellen.

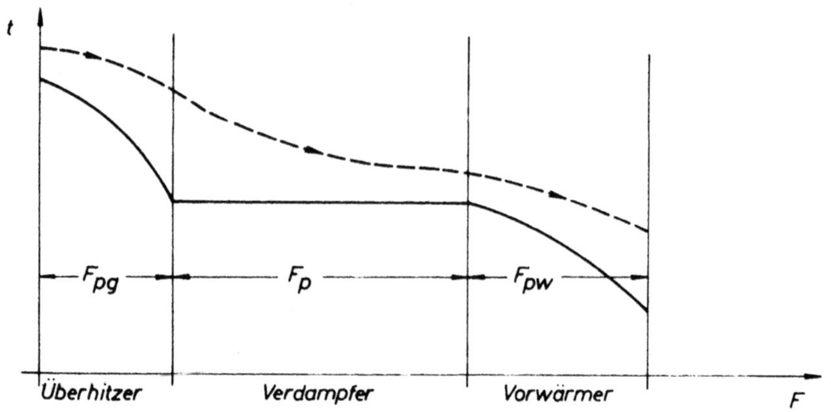


Abb. 18
Temperaturverteilung im Abhitzekessel

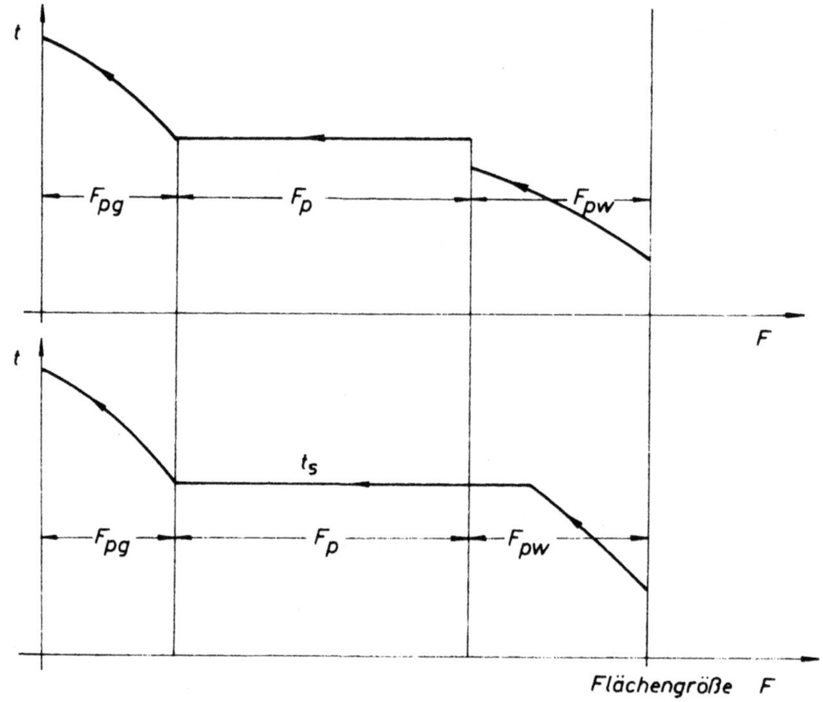


Abb. 19
Temperaturverteilung im Abhitzekessel
bei verschiedenen Belastungen

## 5.4 Die Wahl der optimalen Variante von Abhitzekesseln und der optimalen Nennleistung des Spitzenlastkessels

Für jede Variante von Abhitzekesseln werden einige Werte für die Nennleistung des Spitzenlastkessels angenommen. Für jedes Paar der zu optimierenden Parameter bestimmt man die Mittelwertskurve der Dampfproduktionsfähigkeit. Durch deren Auflegen auf die Mittelwertskurve des Dampfbedarfs bekommt man die Mittelwertskurve für den Dampfmangel und die Mittelwertskurve für die Belastung des Spitzenlastkessels (Abb. 20).

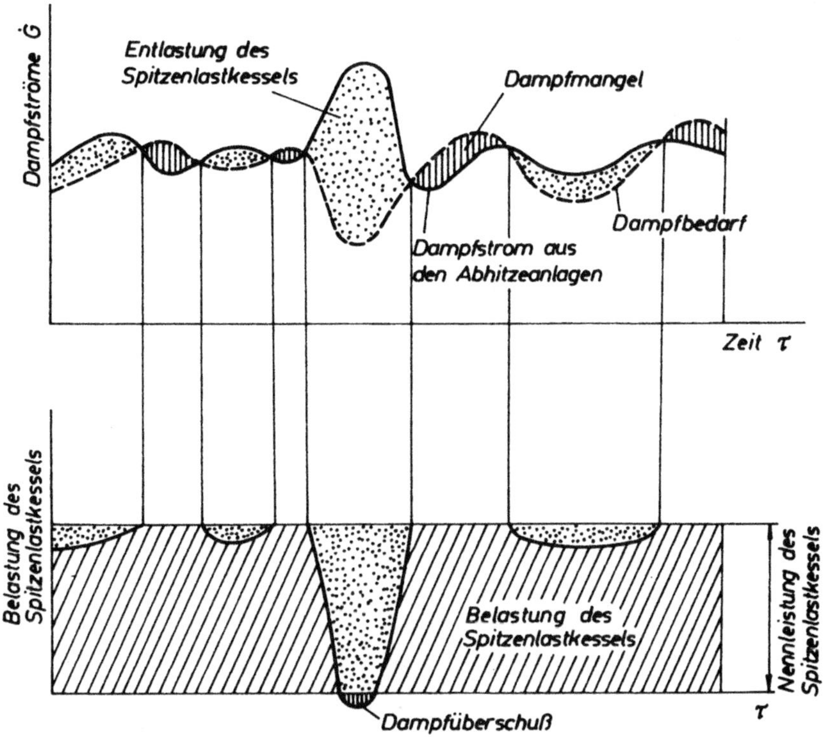


Abb. 20

*Mittelwertkurve des Dampfmangels und der Belastung des Spitzenlastkessel*

Für jedes Paar zu optimierender Parameter berechnet man:
- den Investitionsaufwand für alle Kessel,
- die Exploitationskosten des Spitzenlastkessels,
- die Exploitationskosten der Abhitzekessel,
- die durch Dampfmangel verursachten Verluste.

Darauf berechnet man die Werte der Zielfunktion und bestimmt die optimale Lösung.

## 6. Schlußfolgerungen

6.1 Die energetischen Kenngleichungen von Wärmeanlagen erleichtern die Kontrolle der Exploitationsgüte und die Planung der Energiewirtschaft. Die Kenngleichungen von Industrieöfen sind bisher ungenügend untersucht worden.

6.2 Den Einfluß der veränderlichen Exploitationsbedingungen kann man anhand der Mittelwertskurven und der geordneten Belastungskurven untersuchen.

6.3 Bei gleichzeitigem Verbrauch eines Energieträgers in mehreren Anlagen und dessen ungeregelter Erzeugung muß man die Komposition (Faltung) der geordneten Kurve berechnen, wozu eine einfache Methode angegeben wird.

6.4 Die Anwendung der geordneten Belastungskurven ist besonders bei Untersuchung der Abfallenergiewirtschaft vorteilhaft. Die geordneten Kurven ermöglichen es in einfacher Weise, die Überschüsse und den Mangel an der aus der Abfallenergie erzeugten Sekundärenergie zu ermitteln.

6.5 Die geordneten und die Mittelwertskurven können auch bei der Optimierung der Investitionen angewendet werden, besonders wenn es sich dabei um die Ausnutzung von Abfallenergie handelt.

## SCHRIFTTUM

[1] KOZIOL J.: Optimierung eines konvektiven Rekuperators (poln.), Doktor Diss. Techn. Hochschule Gliwice, 1974

[2] SZARGUT J.: Geordnete Belastungskurven für parallel arbeitende Anlagen (poln.), Gospodarka Paliwami i Energia, 1967, Nr. 9, S. 4

[3] SZARGUT J.: Probleme der Optimierung von Rekuperatoren und Abhitzekesseln (poln.), Gospodarka Paliwami i Energia, 1973, Nr. 4, S. 5

[4] WOLF M.: Enzyklopädie der Energiewirtschaft. T. II. Belastungskurven und Dauerlinien in der elektrischen Energiewirtschaft. Berlin-Göttingen-Heidelberg, 1959

## III

## NUTZEFFEKTE DER REKUPERATION UND OPTIMIERUNG VON REKUPERATOREN

**Prof. Dr.-Ing. Jan SZARGUT**
**Gliwice (Polen)**

### 1. Nutzeffekte der Rekuperation

Die Ersparnis an Brennstoffenergie ist als Hauptziel der Rekuperation anzusehen. Die *Kennzahl der relativen Brennstoffersparnis* berechnet man unter der Voraussetzung einer konstanten Leistung des Ofens zu:

$$\omega = \frac{\Delta(\dot{P}H)}{(\dot{P}H)_0} \quad , \qquad (1)$$

dabei sind:

$\dot{P}$ – Brennstoffstrom,

H – Heizwert des Brennstoffs,

0 – Index des Prozesses ohne Rekuperation

$\Delta$ – Symbol der Ersparnis.

Ein guter Anzeiger der Effektivität der Rekuperation ist der *Multiplikationsfaktor der Brennstoffersparnis* [2]:

$$\mu = \frac{\Delta(\dot{P}H)}{\dot{Q}_R} \quad , \qquad (2)$$

wobei $\dot{Q}_R$ den im Rekuperator ausgetauschten Wärmestrom bezeichnet. Wie in den weiteren Überlegungen gezeigt wird, ist der Wert von $\mu$ bedeutend größer als Eins. Die eingesparte Energiemenge ist demnach viel größer als die im Rekuperator rückgewonnene Wärme.

#### 1.1 Anwendung der Energiebilanzmethode für einen Kammerofen

Eine vereinfachte Methode zur Berechnung der Brennstoffersparnis beruht auf der Anwendung der Energiebilanz unter Zuhilfenahme vereinfachter Voraussetzungen. Man vergleicht die Energiebilanz des mit einem Rekuperator ausgerüsteten Ofens mit der Bilanz eines ohne Rekuperator arbeitenden Vergleichsofens.

Nehmen wir an, daß der Brennstoffheizwert und die Luftüberschußzahl konstant sind. Die Energiebilanz des Vergleichsofens lautet:

$$\dot{P}_0 H = \dot{Q}_N + \dot{Q}_{u_0} + \dot{P}_0 S(t_{s_0} - t_u) \quad , \tag{a}$$

dabei sind:

$\dot{Q}_N$ – Nutzwärmeleistung,

$\dot{Q}_{u_0}$ – an die Umgebung und an das Kühlwasser abgegebener Wärmestrom,

$S$ – Wärmekapazität der Rauchgase je Brennstoffeinheit,

$t_{s_0}$ – Rauchgastemperatur am Ofenkammeraustritt,

$t_u$ – Umgebungstemperatur.

Für einen mit einem Rekuperator ausgerüsteten Ofen gilt die Bilanz

$$(\dot{P}_0 - \Delta\dot{P})(H + q_R) = \dot{Q}_N + \dot{Q}_u + (\dot{P}_0 - \Delta\dot{P})S(t_s - t_u) \quad . \tag{b}$$

dabei sind:

$\Delta\dot{P}$ – Verminderung des Brennstoffstroms,

$q_R$ – im Rekuperator ausgetauschte Wärme je Brennstoffeinheit.

Man nimmt an, daß die verlorengehenden Wärmeströme in beiden Fällen gleich sind, $\dot{Q}_{u_0} = \dot{Q}_u$. Außerdem wird vorausgesetzt, daß die Rauchgastemperatur am Abfluß aus der Ofenkammer ungefähr der mittleren Temperatur in der Kammer entspricht; eine konstante Leistung erreicht man also bei der Bedingung $t_s = t_{s_0}$. Dank der genannten Voraussetzungen erhält man aus den Gleichungen (a) und (b) die bekannte Formel [7]

$$\omega = \frac{q_R}{H + q_R - S(t_s - t_u)} \quad . \tag{3}$$

Formel (3) kann zur Berechnung des Multiplikationsfaktors $\mu$ dienen. Zwecks Vereinfachung der Endgleichung setzt man ein

$H = S(t_{kal_0} - t_n)$ ,

wobei $t_{kal_0}$ die kalorimetrische Verbrennungstemperatur bei nichtvorgewärmten Ausgangsstoffen bezeichnet.

So erhält man

$$\mu = \frac{\Delta(\dot{P}H)}{\dot{P}\, q_R} = \frac{\omega}{1 - \omega}\,\frac{H}{q_R} = \frac{t_{kal_0} - t_u}{t_{kal_0} - t_s} > 1 \quad . \tag{4}$$

Aus Formel (4) ist zu ersehen, daß der Wert von $\mu$ immer größer als Eins ist (da $t_s > t_u$). Dieser auf den ersten Blick paradoxe Effekt steht nicht im Widerspruch zum Energieerhaltungssatz, sondern folgt vielmehr aus diesem Satz. Man kann ihn so erklären, daß die Rekuperation nicht nur eine Herabsetzung der Rauchgastemperatur mit sich bringt, sondern auch eine Verminderung der Rauchgasmenge verursacht.

## 1.2 Anwendung der Energiebilanz für einen Gegenstromofen

Bei reinem Gegenstrom tritt kein kreuzartiger Wärmeaustausch auf. Für einen idealisierten Fall kann also angenommen werden, daß die Temperatur der zufließenden Rauchgase am Ofenkammereintritt der kalorimetrischen Verbrennungstemperatur gleich ist (Abb. 1).

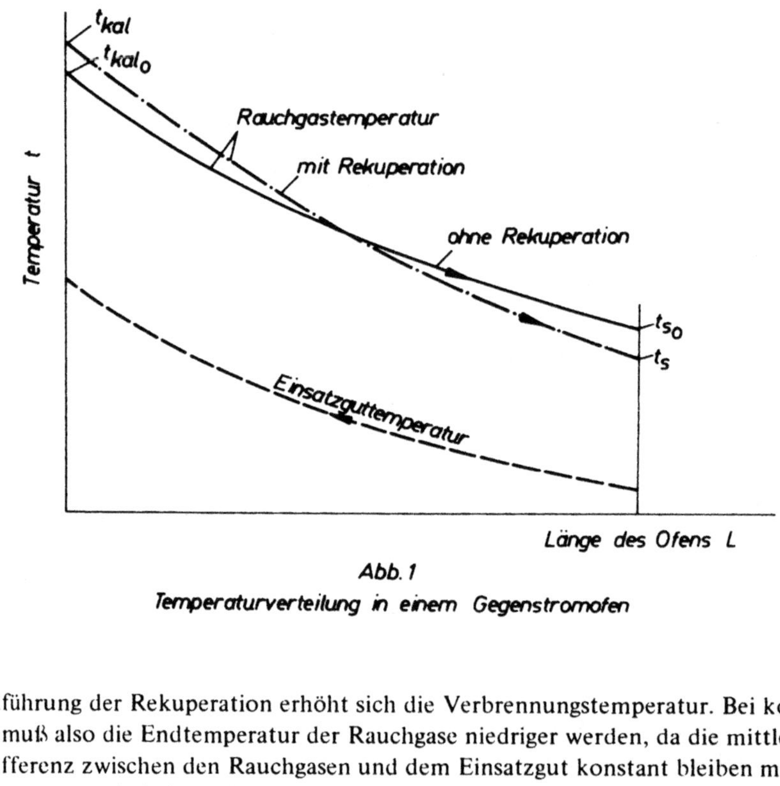


*Abb. 1*
*Temperaturverteilung in einem Gegenstromofen*

Nach Einführung der Rekuperation erhöht sich die Verbrennungstemperatur. Bei konstanter Leistung muß also die Endtemperatur der Rauchgase niedriger werden, da die mittlere Temperaturdifferenz zwischen den Rauchgasen und dem Einsatzgut konstant bleiben muß. Nach der Voraussetzung, daß ein arithmetisches Mittel für die mittlere Temperaturdifferenz angewendet werden kann, bekommt man die Formel

$$t_{s_0} - t_s = t_{kal} - t_{kal_0} = \frac{q_R}{S} \quad . \qquad (5)$$

Setzt man Formel (5) in Gleichung (b) ein, so bekommt man aus den Gleichungen (a) und (b) folgende Formel

$$\omega = \frac{2q_R}{H + 2q_R - S(t_{s_0} - t_u)} \quad . \qquad (6)$$

Die Brennstoffersparnis ist also im Fall eines Gegenstromofens höher als bei einem Kammerofen. Für den Multiplikationsfaktor erhält man

$$\mu = 2\,\frac{t_{kal_0} - t_u}{t_{kal_0} - t_{s_0}} \quad . \tag{7}$$

## 1.3 Verallgemeinerte Formeln

Die Gleichungen (3), (4), (6) und (7) können folgendermaßen in verallgemeinerter Form dargestellt werden:

$$\omega = \frac{\chi q_R}{H + \chi q_R - S(t_{s_0} - t_u)} = \frac{\chi q_R}{S(t_{kal_0} - t_{s_0}) + \chi q_R} \quad , \tag{8}$$

$$\mu = \chi\,\frac{t_{kal_0} - t_u}{t_{kal_0} - t_{s_0}} \quad . \tag{9}$$

Für Kammeröfen mit gut ausgeglichenen Rauchgastemperaturen darf $\chi = 1$ eingesetzt werden. Für einen reinen Gegenstrom gilt $\chi = 2$. Für reale Gegenstromöfen $1 < \chi < 2$, wobei der Wert von $\chi$ mit Hilfe einer empirischen Kenngleichung genauer ermittelt werden kann. Auch Formel (5) kann verallgemeinert werden, und zwar

$$t_s = t_{s_0} - (\chi - 1)\,\frac{q_R}{S} \quad . \tag{10}$$

## 1.4 Anwendung der energetischen Kenngleichung des Ofens

Die genaue Ermittlung der Brennstoffersparnis muß auf der energetischen Kenngleichung des Ofens fußen. Die energetische Kenngleichung drückt den Zusammenhang, der zwischen dem Brennstoffverbrauch, der Wärmeleistung und den Exploitationsparametern besteht, aus. Von J. Koziol [1] wurde (siehe Kap. II) die Kenngleichung für einen Gegenstromofen untersucht. Die allgemeine Gestalt der Gleichung ist, auf vereinfachten Voraussetzungen fußend, theoretisch abgeleitet worden. Die auftretenden Koeffizienten der Gleichung sind aufgrund der Meßdaten mittels der Methode der kleinsten Quadrate ermittelt worden. So wurde folgende Gleichung gefunden (siehe Kap. II (8)):

$$\dot{P} = \frac{m_1 + m_2\,\dot{Q}_N}{M} \quad . \tag{c}$$

Es wurden im Kap. II auch die Zahlenwerte für die Koeffizienten der Gleichung (c) für einen bestimmten Fall angegeben und es wurde anhand dieses Beispiels gezeigt, wie die Brennstoffersparnis durch Rekuperation ermittelt werden kann. Wenn in diesem Fall die Rekuperationswärme $q_R = 1\ MJ/m_n^3$ und die Nutzleistung $\dot{Q}_N = 2\ MW$ waren, hat die Kennzahl der relativen Ersparnis 26% betragen. Nach einem Vergleich mit Formel (8) bekommt man $\chi = 1{,}5$.

Außer der Gleichung (c) muß auch eine Rauchgastemperaturgleichung aufgestellt werden, die den Zusammenhang zwischen der Temperatur der Rauchgase am Abfluß aus der Ofenkammer und den Exploitationsparametern des Ofens zum Ausdruck bringt.

## 2. Zielfunktion bei der Optimierung von Rekuperatoren

Die Flächengröße des Rekuperators kann zunächst beliebig gewählt werden; ihr Bestwert muß mit Hilfe einer Optimierungsrechnung ermittelt werden. Es sind dabei folgende Fälle zu unterscheiden:

a) im Falle eines projektierten Ofens muß der Rekuperator zusammen mit dem Ofen optimiert werden,

b) im Falle eines schon existierenden Ofens kann der Rekuperator getrennt optimiert werden, wobei die Zielfunktion nach zweierlei Gesichtspunkten aufgestellt werden kann:

– wenn die Leistung des Ofens für weitere technologische Zwecke zu klein ist, so muß man den Einfluß der Rekuperation auf die Ofenleistung berücksichtigen, und die Zielfunktion muß die Kosten für den ganzen technologischen Ablauf umfassen,

– wenn es eine Reserve der Ofenleistung gibt, so kann man die Berechnungen für konstante Ofenleistung durchführen, und die Zielfunktion berücksichtigt nur den Investitionsaufwand des Rekuperators und die Exploitationskosten des Rekuperators.

Die Einheitskosten für die Erwärmung des Einsatzguts betragen

$$e = \frac{\epsilon I + K_e}{U} \quad , \qquad (11)$$

dabei sind:

| | | |
|---|---|---|
| I | – | Investitionsaufwand, |
| $K_e$ | – | Exploitationskosten pro Jahr, |
| U | – | jährliche Produktion, |
| $\epsilon$ | – | Zinssatz der Amortisation und Kapitalverzinsung. |

Man kann statt $\epsilon$ auch den Grenzwert $T_{gr}$ der Rückflußdauer des Kapitalaufwands einführen

$$\frac{1}{\epsilon} = T_{gr} \quad . \qquad (12)$$

Nach Einführung der Rekuperation ändern sich die Einheitskosten wie folgt

$$e' = \frac{\epsilon I + \epsilon_R I_R + K_e - \Delta K_e}{U} \quad , \qquad (11')$$

dabei sind:

| | |
|---|---|
| $I_R$ | Investitionsaufwand des Rekuperators, |
| $\Delta K_e$ | jährliche Ersparnis an Exploitationskosten, |
| $\epsilon_R$ | Zinssatz der Amortisation und der Kapitalverzinsung des Rekuperators. |

Kann die Leistung des Ofens als konstant angenommen werden, so darf die Zielfunktion in folgender Form dargestellt werden

$$E = \Delta K_e - \epsilon_R I_R \quad , \tag{13}$$

wobei E die jährliche Ersparnis darstellt.

Auf Abb. 2 werden die Komponenten der Gleichung (13) dargestellt. Die Fixkosten hängen linear vom Investitionsaufwand ab. Die Ersparnis an Exploitationskosten wächst mit der Flächengröße des Rekuperators, strebt aber einem endlichen Grenzwert zu. Es besteht also ein optimaler Wert $I_{Ropt}$, bei dem die jährliche Ersparnis ihr Maximum erreicht.

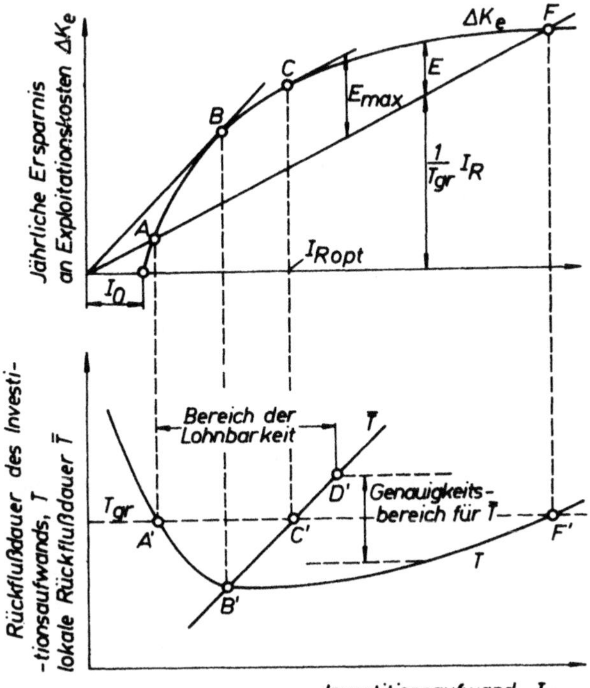


Abb. 2
Ersparnis der Rekuperation

Die Optimierung kann mit Hilfe der Rückflußdauer durchgeführt werden. Der Mittelwert der *Rückflußdauer* beträgt

$$T = \frac{\Delta I}{\Delta K_e} \quad . \qquad (d)$$

Man kann aber auch einen lokalen Wert der Rückflußdauer definieren:

$$\bar{T} = \frac{dI}{-dK_e} \quad . \qquad (e)$$

Aus Gleichung (13) folgt, daß im optimalen Punkt ($E = E_{max}$) die lokale Rückflußdauer dem Grenzwert gleich sein muß [3]:

$$\bar{T} = \frac{dI_R}{-dK_e} = \frac{1}{\epsilon_R} = T_{Rgr} \quad . \qquad (14)$$

### 3. Angenäherte Optimierung konvektiver Rekuperatoren

Eine angenäherte Optimierung von Rekuperatoren kann analytisch durchgeführt werden. Zwecks Vereinfachung werden folgende Voraussetzungen angenommen [3]:

a) man betrachtet einen einzigen Rekuperator (z.B. nur für die Luftvorwärmung),
b) die Ofenleistung ist konstant (man rechnet mit einem Durchschnittswert),
c) im Rekuperator wird ein reiner Gegenstrom verwirklicht,
d) die Rauchgastemperaturabnahme zwischen dem Ofen und dem Rekuperator ist konstant, $\delta t = \text{const}$,
e) die Wärmedurchgangszahl ist konstant,
f) das Verhältnis der Rauchgasmenge im Ofen und im Rekuperator ist konstant,

$$\xi = S/S_R \quad ,$$

wobei in $\xi$ die Falschluft und die Rauchgasverluste berücksichtigt sind.

Den Investitionsaufwand des Rekuperators kann man als lineare Funktion der Flächengröße darstellen

$$I_R = I_0 + j\,W \quad , \qquad (15)$$

dabei sind:

$j$ – relativer Zuwachs des Investitionsaufwands je Einheit der Flächengröße des Rekuperators,

$W$ – Flächengröße des Rekuperators,

$I_0$ – konstanter Teil des Investitionsaufwands.

Bei der Berechnung der lokalen Rückflußdauer kann man als Parameter die Temperatur $t_a$ der vorgewärmten Luft einführen

$$\bar{T} = \frac{dI}{dt_a} \; \frac{dt_a}{-dK_e} \quad . \tag{16}$$

Die Flächengröße des Rekuperators folgt aus der Formel

$$W = \frac{\dot{Q}_R}{k\,\Delta t_m} = \frac{\dot{P}_0(1-\omega)A\,\Delta t_a}{k\,\Delta t_m} \quad , \tag{17}$$

wobei k die Wärmedurchgangszahl bezeichnet. Die mittlere Temperaturdifferenz $\Delta t_m$ beträgt gemäß Abb. 3:

$$\Delta t_m = \frac{t_{sw} - t'_a - t_{sr} + t_a}{\ln \dfrac{t_{sw} - t'_a}{t_{sr} - t_a}} \quad . \tag{18}$$

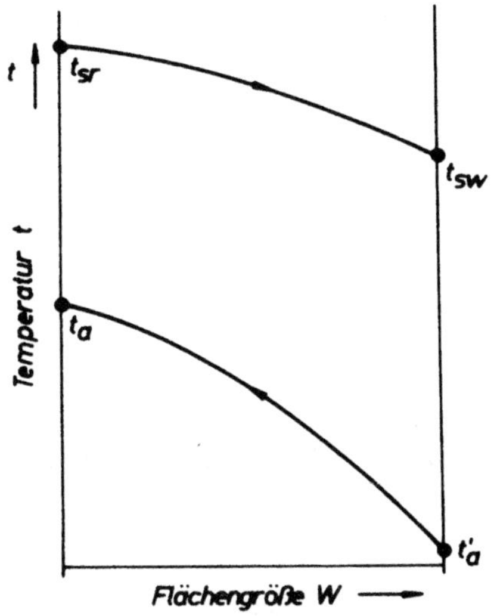


*Abb. 3*

*Temperaturverteilung in einem Rekuperator*

Nach Formel (10) ist:

$$t_{sr} = t_{s_0} - (\chi - 1)\frac{A\,\Delta t_a}{S} - \delta t \quad , \tag{19}$$

wo A die Wärmekapazität der Luft je Brennstoffeinheit bezeichnet. Die Rauchgastemperatur am Austritt aus dem Rekuperator kann mit Hilfe der Energiebilanz eliminiert werden

$$\frac{1}{\xi}\,S(t_{sr} - t_{sw}) = A\,\Delta t_a \quad . \tag{20}$$

Nach Einsetzen der Werte für $t_{sr}$ und $t_{sr} - t_{sw}$ aus den Formeln (19), (20) in Gleichung (18) erhält man

$$\Delta t_m = \frac{\Delta t_a (1 - \xi \frac{A}{S})}{\ln \frac{S(\Delta t_{s_0} - \delta t) - A(\chi - 1 + \xi)\,\Delta t_a}{S(\Delta t_{s_0} - \delta t) - [A(\chi - 1) + S]\,\Delta t_a}} \quad , \tag{21}$$

wobei

$$\Delta t_{s_0} = t_{s_0} - t_u \quad .$$

Zwecks Vereinfachung der weiteren Gleichungen werden dimensionslose Größen eingeführt [5]

$$\alpha = \frac{A}{S} \quad , \tag{22}$$

$$\Theta = \frac{\Delta t_a}{\Delta t_{s_0} - \delta t} \quad , \tag{23}$$

$$\sigma = \frac{t_{kal_0} - t_{s_0}}{\Delta t_{s_0} - \delta t} \quad , \tag{24}$$

$$L = \frac{\epsilon_R\, j\, S}{k\, \tau_n\, e_B} \quad . \tag{25}$$

Die Größe $\Theta$ drückt demnach in dimensionsloser Form die Temperaturerhöhung im Rekuperator aus. Die Größe L wird gelegentlich als *Kennzahl der thermoökonomischen Ähnlichkeit* bezeichnet (siehe Kap. I (19)); dabei sind

$e_B$ – Kosten der Brennstoffeinheit,

$\tau_n$ – jährliche Ausnutzungszeit der Nennleistung des Ofens.

Die verallgemeinerte Formel (8) kann damit folgendermaßen dargestellt werden

$$\omega = \frac{\chi\,\alpha\,\Theta}{\sigma + \chi\,\alpha\,\Theta} \quad . \tag{26}$$

Formel (21) nimmt folgende Gestalt an:

$$\Delta t_m = \frac{t_a(1 - \xi\alpha)}{\ln \frac{1 - C\Theta}{1 - B\Theta}} \quad , \tag{27}$$

mit:

$$C = \alpha(\chi - 1 + \xi) \quad ,$$

$$B = \alpha(\chi - 1) + 1 \quad .$$

Die Flächengröße des Rekuperators und die Ersparnis von Exploitationskosten pro Jahr betragen

$$W = \frac{\dot{P}_0 A}{k} \frac{\sigma}{1 - \xi\alpha} \frac{1}{\sigma + \chi\alpha\Theta} \ln \frac{1 - C\Theta}{1 - B\Theta} \quad , \tag{28}$$

$$\Delta K_e = \dot{P}_0 \, \tau_n \, e_B \frac{\chi\alpha\Theta}{\sigma + \chi\alpha\Theta} \quad . \tag{29}$$

Aus der Bedingung $\overline{T} = 1/\epsilon_R$ erhält man nach Auswertung der Gleichung (18) eine implizite Gleichung, durch die die optimale dimensionslose Temperaturerhöhung bestimmt wird:

$$\frac{\sigma + \chi\alpha\Theta_{opt}}{(1 - C\Theta_{opt})(1 - B\Theta_{opt})} - \frac{\alpha}{1 - \xi\alpha} \ln \frac{1 - C\Theta_{opt}}{1 - B\Theta_{opt}} = \frac{1}{L} \quad . \tag{30}$$

Die Flächengröße des Rekuperators kann auch in der folgenden dimensionslosen Form ausgedrückt werden:

$$\Phi = \frac{W\,k}{\dot{P}_0 A} = \frac{1}{(1 - \chi\alpha\frac{\Theta}{\sigma})(1 - \xi\alpha)} \ln \frac{1 - C\Theta}{1 - B\Theta} \quad . \tag{31}$$

Die Werte der Größe $\alpha$ für verschiedene Brennstoffe sind in der Tabelle 1 zusammengestellt worden:

**Tabelle 1** Kennzahl $\alpha$ für gasförmige Brennstoffe ($\lambda = 1{,}1$)

| Brennstoff | H $kJ/m_n^3$ | $\alpha$ |
|---|---|---|
| Hochofengas | 4 200 | 0,398 |
| Generatorgas | 5 900 | 0,510 |
| Koksofengas | 16 800 | 0,883 |
| Erdgas | 34 715 | 0,630 |

Die Ausnutzung der Formeln (30), (31) kann wesentlich vereinfacht werden, indem man entsprechende Diagramme anfertigt. Auf Abb. 4 kann man die $\Theta_{opt}$-Werte für konstante Werte der Parameter $\xi$ und $\sigma$ ablesen. Das Diagramm gilt für einen Kammerofen. Werden die aus Gleichung (30) errechneten $\Theta_{opt}$-Werte in Gleichung (31) eingesetzt, so läßt sich ein Diagramm anfertigen, auf dem die dimensionslose Flächengröße unmittelbar abgelesen werden kann (Abb. 5). Auf Abb. 5 ist zum Vergleich auch eine Kurve für den Gegenstromofen für den Wert $\alpha = 0{,}4$ eingetragen worden.

Eine angenäherte Optimierung eines Rekuperatorenkomplexes bestehend aus Luftrekuperator und Brennstoffrekuperator ist vom Verfasser auch behandelt worden, doch ist aber bisher die Lösung nicht in dimensionsloser Form dargestellt worden [4].

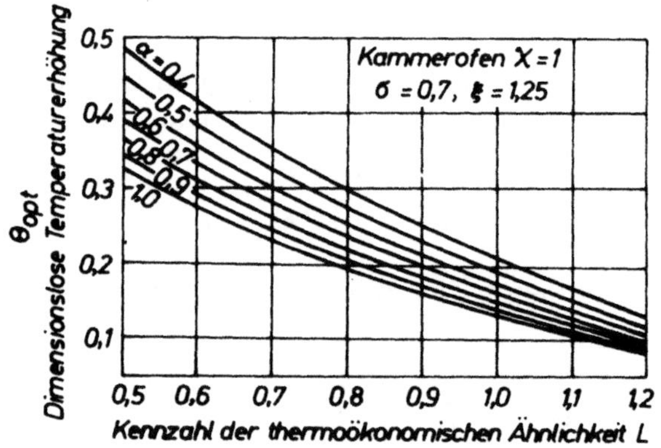


Abb. 4

Optimale dimensionslose Vorwärmungstemperatur

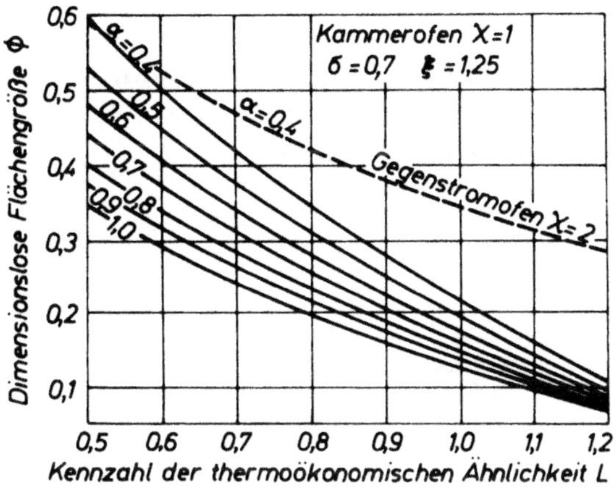


*Abb. 5*

*Optimale dimensionslose Flächengröße des Rekuperators*

## 4. Genaue Optimierung konvektiver Rekuperatoren

Bei einer genauen Optimierung konvektiver Rekuperatoren sollte man folgende Faktoren berücksichtigen [1], [6]:

1. Die Leistung des Ofens ist nicht konstant,
2. Die Wärmeübergangszahl im Rekuperator wird mit der Zeit infolge der Verunreinigungen immer kleiner,
3. Die Wärmeübergangszahl hängt von den inneren Konstruktionsparametern des Rekuperators ab,
4. Die Druckverluste des Gases während der Vorwärmung hängen von den inneren Konstruktionsparametern und der Flächengröße des Rekuperators ab,
5. Die Druckverluste der Rauchgase dürfen einen Grenzwert nicht überschreiten, der damit eine Begrenzung für die Optimierung bildet.

Im nunmehr betrachteten Fall muß die Zielfunktion (13) wie folgt ergänzt werden

$$E = -\epsilon_R I_R + \Delta P c_B - \frac{c_{el}}{\eta_W \eta_M} \int_0^{Jahr} \dot{V}_a \, \delta p \, d\tau \quad , \qquad (32)$$

dabei sind:

$\dot{V}_a$ Luftstrom,

$\delta p$ – Druckverlust der Luft im Rekuperator,

$\eta_W, \eta_M$ – Wirkungsgrad des Ventilators und des Elektromotors,

$e_{el}$ – Einheitskosten der elektrischen Energie.

Die veränderliche Leistung des Ofens kann man anhand einer geordneten Kurve berücksichtigen. Für weitere Berechnungen wird sie in einige Abschnitte eingeteilt (Abb. 6). Mit „j" bezeichnet man die Ordnungsnummer der einzelnen Abschnitte. Auf Abb. 7 wird gezeigt, wie sich die Wärmedurchgangszahl k ändert.

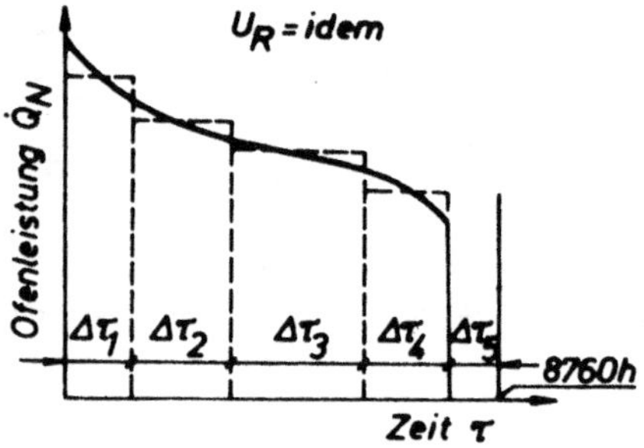


Abb. 6

Geordnete Belastungskurve des Ofens

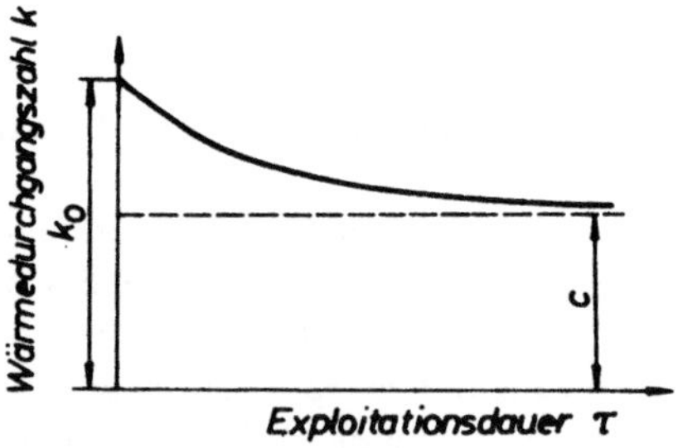


Abb. 7

Einfluß der Exploitationsdauer auf die Wärme-
-übergangszahl

Nach den Untersuchungen [1] kann für k eine Exponentialgleichung angewendet werden:

$$k = (k_0 - c) \exp(-b\tau) + c \quad , \qquad (33)$$

wobei $k_0$ der Wert der Wärmedurchgangszahl für einen Rekuperator mit gereinigten Flächen ist. Für weitere Berechnungen kann man auch die letztgenannte Kurve in Zeitabschnitte mit konstanten Werten einteilen, wobei *m* die Ordnungsnummer der einzelnen Abschnitte bezeichnet.

Im Fall eines Stahlrohr-Konvektionsrekuperators müssen folgende Konstruktionsparameter optimiert werden: Rohrdurchmesser, Rohrlänge, Rohrabstand in der Reihe, Reihenabstand, Anzahl der Reihen und Anzahl der Sektionen.

Bezeichnen wir mit „*i*" die Ordnungszahl des Komplexes der Konstruktionsparameter. Für jeden betrachteten Komplex „*i*" berechnet man die augenblicklichen Werte $\Delta\dot{P}$, $\dot{V}_a$ und $\delta p$ für alle Werte von *j* und *m*. Dann berechnet man die jährliche Ersparnis. Das Ablaufschema des Berechnungsalgorithmus ist auf Abb. 8 dargestellt. Nach der Einführung der Ausgangsdaten nimmt man an, daß i = 1, j = 1, m = 1. Die Temperatur der vorgewärmten Luft für jede untersuchte Gruppe der Indizes i, j, m muß mittels eines versuchsweisen Verfahrens berechnet werden, da der Brennstoffverbrauch und die Rauchgastemperatur für den untersuchten Fall unbekannt sind. Man nimmt also versuchsweise einen Wert von $q_R$ an und berechnet aus der Kenngleichung des Ofens den Brennstoffverbrauch und den Luftverbrauch. Aus der Rauchgastemperaturgleichung ermittelt man die Temperatur der abfließenden Rauchgase. Dann berechnet man mit Hilfe der Sätze des Wärmeübergangs den zugehörigen (korrigierten) Wert $q'_R$. Unterscheidet sich der neue Wert $q'_R$ von dem früher vorausgesetzten $q_R$ um mehr als einen vorgegebenen Genauigkeitswert, so müssen die Berechnungen wiederholt werden, und zwar ausgehend vom neuen Wert $q'_R$. Stimmen die Werte $q_R$ und $q'_R$ in genügendem Maße überein, so kann man zu den weiteren Kurvenabschnitten mit den j+1 und m+1 übergehen. Vorher aber muß man noch den Rauchgasdruckverlust kontrollieren. Ist ein zulässiger Grenzwert überschritten worden, so muß man die untersuchte Variante als unbrauchbar ablehnen. Wenn alle Werte von j und m erschöpft worden sind und keine Überschreitung der Begrenzungen aufgetreten ist, berechnet man den Wert der Zielfunktion für die untersuchte Variante „i" des Rekuperators und geht zu der nächsten Variante „i+1" über.

Es ist nicht erforderlich, alle möglichen Varianten zu untersuchen, da man verschiedene zielgerichtete Suchmethoden anwenden kann. Man wählt z.B. eine Basisvariante und ändert nacheinander alle Konstruktionsparameter um einen jeweils angenommenen positiven und negativen Wert. So erhält man 2n Nebenvarianten, wo „n" die Anzahl der Konstruktionsparameter bezeichnet. Die beste Nebenvariante wird dann als neue Basisvariante angenommen. Die beschriebene Suchmethode eignet sich besonders bei sich unstetig ändernden Konstruktionsparametern (wie das z.B. bei Rohrdurchmessern der Fall ist).

Eingehende Berechnungen haben gezeigt, daß die Optimierungsberechnungen wesentlich vereinfacht werden können, weil die lokalen Optimalwerte der Rohrdurchmesser praktisch genommen von anderen Parametern unabhängig sind.

Anstatt der Zahl und Länge der Rohre kann man als unabhängige Parameter der Rekuperation die Temperatur der vorgewärmten Luft (also die Rekuperationswärme) und den Luftstrom je Rohr annehmen. Bei gegebener Rekuperationswärme und gegebenem Rohrdurch-

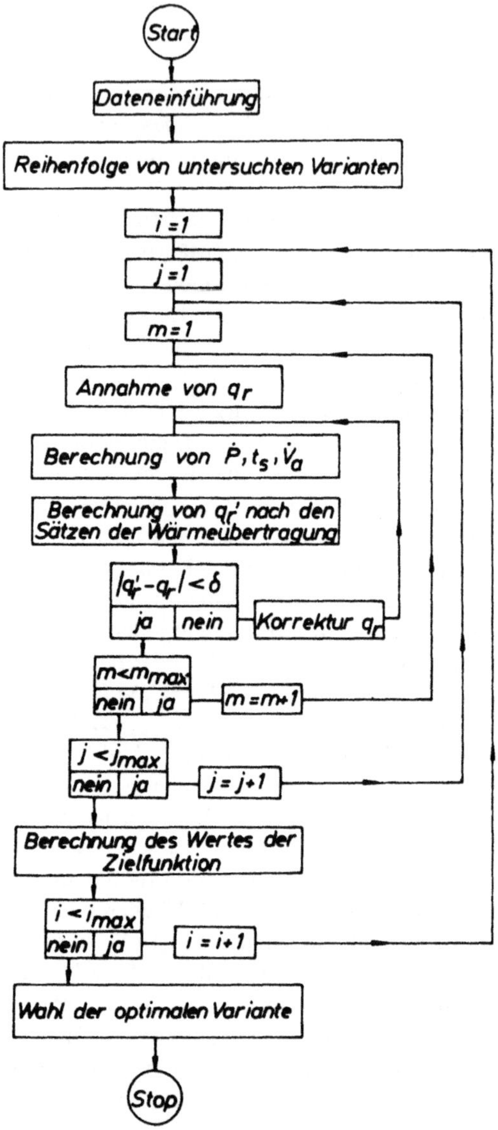


Abb. 8

Ablaufschema des Berechnungsalogarithmus

messer ist der auf das einzelne Rohr entfallende Luftstrom optimal, wenn folgende Bedingung erfüllt wird:

$$e = \frac{\epsilon_R I_R + \Delta K_t}{\dot{V}_a} = \frac{\epsilon_R I_{R_1} + \Delta K_{t_1}}{\dot{V}_{a_1}} = \min \quad , \qquad (34)$$

dabei sind:

$\dot{V}_a$ – Luftstrom im Rekuperator,

$\dot{V}_{a_1}$ – Luftstrom pro Rohr,

$I_{R_1}$ – Investitionsaufwand pro Rohr,

$K_{t_1}$ – jährliche Kosten der Luftumwälzung pro Rohr.

Auf Abb. 9 wird die Abhängigkeit der Größe e vom Rohrdurchmesser, von der Rekuperationswärme (bzw. Lufttemperatur) und vom Luftstrom $\dot{V}_{a_1}$ dargestellt. Man sieht, daß für jede Lufttemperatur und für jeden Rohrdurchmesser ein optimaler Luftstrom auftritt und daß es einen oder höchstens zwei Rohrdurchmesser gibt, für den bzw. die der Wert $e_{min}$ günstiger ist als für andere Durchmesser. Man darf also die optimalen Rohrdurchmesser a priori wählen, ohne die anderen Konstruktionsparameter zu untersuchen.

Außerdem ist aus der Abb. 9 zu ersehen, daß die optimalen Werte $\dot{V}_{a_1}$ praktisch genommen von den Exploitationsbedingungen unabhängig sind. Für einen gegebenen Brennstoffstrom kann also eine optimale Anzahl von Rohren in einer Sektion gewählt werden.

Eingehende Berechnungen haben auch gezeigt, daß die Berücksichtigung der Veränderlichkeit der Ofenleistung und Wärmedurchgangszahl keinen wesentlichen Einfluß auf die errechneten Optimalwerte der Konstruktionsparameter hat. Die optimalen Konstruktionsparameter können also aufgrund der durchschnittlichen Leistung und der mittleren Wärmedurchgangszahl ermittelt werden. Die Berücksichtigung der Veränderlichkeit der genannten Größen beeinflußt aber wesentlich die Werte der Ersparnis. Berechnungen mit Durchschnittswerten ziehen einen bis zu etwa 30-prozentigen Fehler in der berechneten Ersparnis nach sich.

## 5. Schlußfolgerungen

5.1 Die Rekuperation ist als ein sehr wirksames Mittel der Brennstoffersparnis anzusehen. Die eingesparte Brennstoffenergie ist viel größer als die im Rekuperator ausgetauschte Wärmemenge.

5.2 Die Nutzeffekte der Rekuperation sind im Fall eines Gegenstromofens größer als bei einem Kammerofen.

5.3 Die Flächengröße des Rekuperators läßt sich durch die Optimierungsrechnung feststellen.

5.4 Eine angenäherte Optimierung kann man sehr leicht mittels der dargestellten Diagramme durchführen.

5.5 Bei genauer Optimierung der Konstruktionsparameter kann man zunächst den optimalen Rohrdurchmesser ermitteln.

5.6 Die optimalen Konstruktionsparameter lassen sich mit genügender Genauigkeit errechnen, indem man sich auf eine durchschnittliche Ofenleistung und eine mittlere Wärmedurchgangszahl stützt. Bei der Berechnung der jährlichen Ersparnis soll man aber die Veränderlichkeit der Exploitationsbedingungen berücksichtigen.

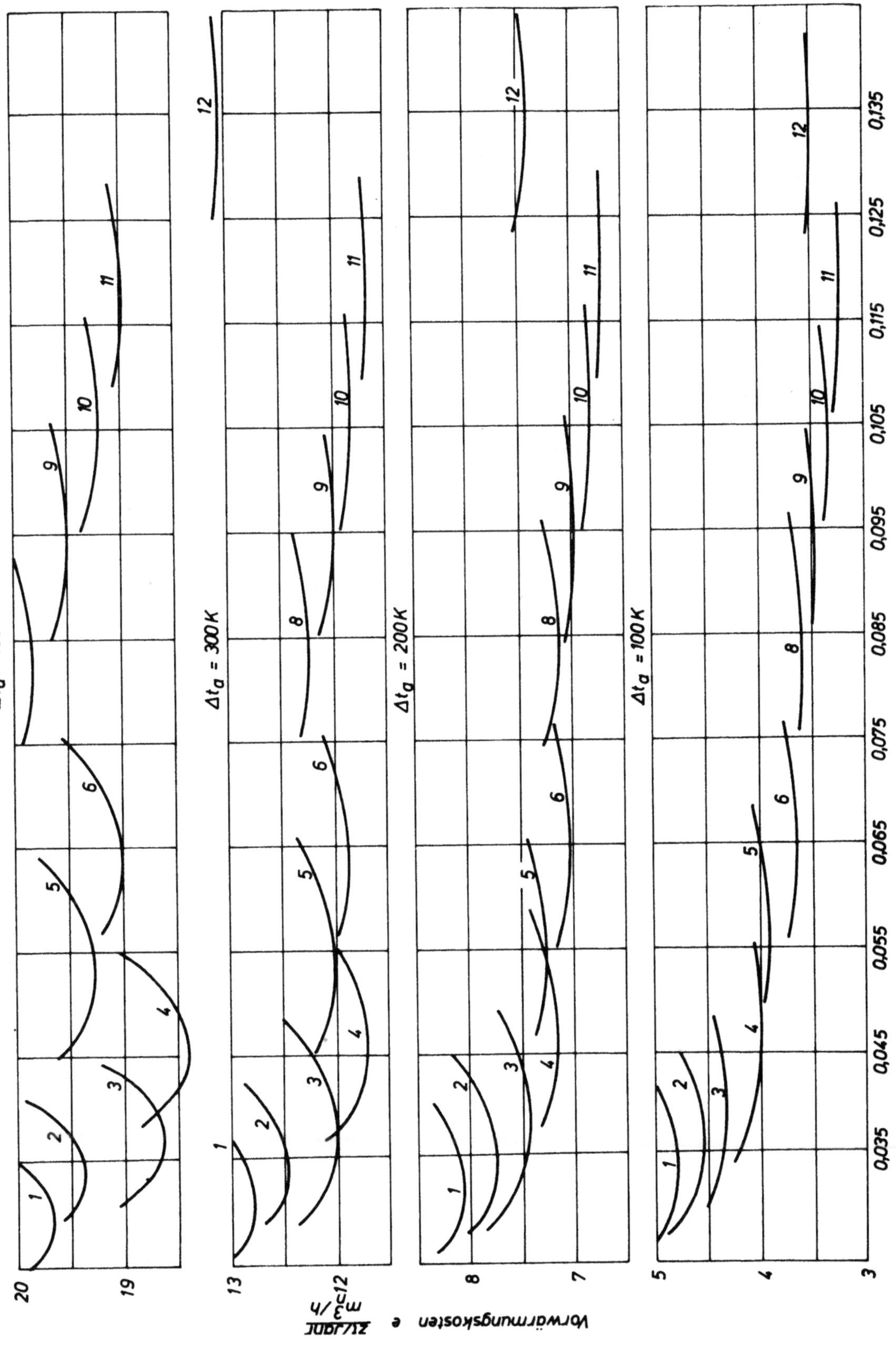
Δt_a = 400K
Δt_a = 300K
Δt_a = 200K
Δt_a = 100K
Luftstrom in einem einzelnen Rohr V̇_a m_n^3/s
0,035
0,045
0,055
0,065
0,075
0,085
0,095
0,105
0,115
0,125
0,135
Vorwärmungskosten e ZL/Jahr / m_n^3/h
20
19
13
12
8
7
5
4
3
1
2
3
4
5
6
8
9
10
11
12

## SCHRIFTTUM

[1] KOZIOL J.: Optimierung von konvektiven Rekuperatoren (poln.), Doktor Diss. Techn. Hochschule Gliwice, 1974

[2] SZARGUT J.: Nutzeffekte der Rekuperation in metallurgischen Wärmeöfen, Freiberger Forschungshefte, B 107, 1965, S. 95

[3] SZARGUT J.: Optimierung eines Rekuperators, der die Luft für einen Gegenstromofen vorwärmt (poln.), Gospodarka Paliwami i Energia, 1968, Nr. 10, S. 19

[4] SZARGUT J.: Optimierung des Rekuperatorenkomplexes zur Vorwärmung der Luft und des Brennstoffs für einen Gegenstromofen (poln.), Problemy Projektowe Hutnictwa, 1968, S. 269

[5] SZARGUT J., KOZIOL J.: Optimale Flächengröße eines Rekuperators (poln.), Problemy Projektowe Hutnictwa, 1973, Nr. 7, S. 305

[6] SZARGUT J., KOZIOL J.: Optimierung von konvektiven Rekuperatoren mit Berücksichtigung der veränderlichen Exploitationsbedingungen eines industriellen Ofens (poln.), Archiwum Energetyki, 1975, Nr. 1, S. 43

[7] TRINKS W., MAWHINNEY M.H.: Industrial Furnaces, New York, 1961

# IV

# ANWENDUNG EINES LINEAREN MATHEMATISCHEN MODELLS DER STOFF- UND ENERGIEWIRTSCHAFT IN HÜTTENWERKEN

**Prof. Dr.-Ing. Jan SZARGUT, Dr.-Ing. Andrzej ZIEBIK**
**Gliwice (Polen)**

## 1. Die Theorie von Leontieff

In jedem großen Industriebetrieb besteht ein deutlicher Zusammenhang zwischen den Produktionsprozessen und deshalb wirkt sich die Änderung der erzeugten Menge eines jeden Produktes merklich auf den Verbrauch aller Rohstoffe, Halbprodukte und Energieträger aus. Die Berechnung des Bedarfs an Rohstoffen und Halbprodukten nach der bisher oft angewendeten Methode von Teilbilanzen ist sehr mühsam und kann nur dann zu richtigen Ergebnissen führen, wenn sie in Verbindung mit einer stufenartigen Iterationsmethode angewendet wird.

Die gegenseitigen Wechselbeziehungen zwischen den Produktionsprozessen kann man mathematisch mit Hilfe von Gleichungen darstellen. Im Fall einer großen Zahl der Veränderlichen ist praktisch nur ein System linearer Gleichungen brauchbar, da nur für solche Systeme die mathematische Theorie genügend entwickelt worden ist. Deshalb hat W. Leontieff ein lineares mathematisches Modell für ein System von Produktionsprozessen vorgeschlagen [2]. Als Begründer dieses Verfahrens hat er im Jahre 1973 den Nobelpreis erhalten.

Das Verfahren von Leontieff ist an folgende Voraussetzungen gebunden:

1. Der komplexe Produktionsprozeß wird in Produktionszweige aufgeteilt; in jedem Zweig wird ein einzelnes Produkt erzeugt;
2. Die Gesamtmenge jedes Erzeugnisses kann zu einem Teil in demselben Zweig und zu einem anderen Teil in anderen Zweigen verbraucht werden; der nicht der Produktion zugeführte Teil bildet das Endprodukt.
3. Der Verbrauch an Rohstoffen und Halbprodukten in einem Zweig ist proportional zur Gesamtmenge des in diesem Zweig hergestellten Erzeugnisses;
4. Die Proportionalitätsfaktoren (sogenannte technische Produktionskoeffizienten) sind zeitunabhängig; die betrachteten Zeitabschnitte sollen deshalb genügend lang sein;
5. Die betrachteten Größen können in natürlichen Einheiten oder in Geldeinheiten ausgedrückt werden.

Kein mathematisches Modell stellt eine genaue Spiegelung der Wirklichkeit dar. Wie Bellmann richtig bemerkt hat, muß man einen Kompromiß suchen und zwar „zwischen der Falle von Vereinfachungen und dem Moor der Einzelheiten". Das Modell von Leontieff ist statischer und deterministischer Natur. Die technologischen Bedingungen sind als konstant festgelegt und die Einwirkung der zufälligen Faktoren kann nur in einem Maß berücksichtigt werden, das sich aus früheren Zeitabschnitten ergibt (man stützt sich also auf die Voraussetzung, daß der untersuchte Prozeß stationär ist).

Leontieff hat sein Modell zur Untersuchung der ganzen Volkswirtschaft angewendet. In diesem Fall muß man durch Zusammenschluß ähnlicher Prozesse Prozeßkomplexe (Aggregate) bilden, um eine genügend beschränkte Anzahl von Produktionszweigen zu erhalten, die man einer weiteren Betrachtung unterziehen kann. Andererseits werden dadurch die zufälligen Einwirkungen stark gegeneinander abgeglichen, so daß eine direkte Proportionalität zwischen der Gesamtmenge des Produkts und der verbrauchten Menge an Rohstoffen und an Halbprodukten jeweils sichergestellt wird.

Der Verbrauch des i-ten Produktes in dem j-ten Zweige kann also durch folgende Gleichung ausgedrückt werden:

$$G_{ij} = a_{ij} G_j \quad , \tag{1}$$

dabei sind:

$G_j$ – die Gesamtproduktion im j-ten Zweig,

$a_{ij}$ – der technische Produktionskoeffizient.

Die Bilanz des i-ten Produktes ist durch Gleichung (2) gegeben, wo $K_i$ die Endproduktion des i-ten Produktes bedeutet

$$G_i = a_{i1} G_1 + a_{i2} G_2 + \ldots + a_{in} G_n + K_i \quad . \tag{2}$$

Das Gleichungssystem (2) kann in Matrizenform dargestellt werden

$$g = \mathbf{A}g + k \quad , \tag{3}$$

oder

$$k = (\mathbf{E} - \mathbf{A})g \quad , \tag{3a}$$

dabei sind:

$$g = \begin{bmatrix} G_1 \\ \vdots \\ G_n \end{bmatrix}$$ – Vektor der Gesamtproduktion,

$$k = \begin{bmatrix} K_1 \\ \vdots \\ K_n \end{bmatrix}$$ – Vektor der Endproduktion,

$$\mathbf{A} = \begin{bmatrix} a_{11} & \ldots & a_{1n} \\ \vdots & & \vdots \\ a_{n1} & \ldots & a_{nn} \end{bmatrix}$$ – Matrix der technischen Produktionskoeffizienten,

$$E = \begin{bmatrix} 1 & & & \\ & \cdot & & \\ & & \cdot & \\ & & & 1 \end{bmatrix} \quad - \quad \text{Einheitsmatrix.}$$

Die $a_{ij}$ -Werte können statistisch ermittelt oder aufgrund einer Analyse der technologischen Prozesse errechnet werden.

Ein Hauptproblem bei der Anwendung der Theorie von Leontieff besteht in der Berechnung der erforderlichen globalen Produktion *g*, die eine geforderte (geplante) Endproduktion *k* sichern kann. Zwecks Berechnung des Vektors *g* multipliziert man die Gleichung (3a) linksseitig durch die inverse Matrix $(\mathbf{E} - \mathbf{A})^{-1}$

$$g = (\mathbf{E} - \mathbf{A})^{-1} k \quad , \tag{4}$$

$$(\mathbf{E} - \mathbf{A})^{-1} = \begin{bmatrix} A_{11} & \dots & A_{1n} \\ \vdots & & \vdots \\ A_{n1} & \dots & A_{nn} \end{bmatrix} \quad .$$

Die Elemente $A_{ij}$ der Matrix $(\mathbf{E} - \mathbf{A})^{-1}$ (die sogenannten Verbrauchskoeffizienten) informieren uns darüber, wie groß die globale Produktion des i-ten Produktes sein muß, wenn man eine Einheit des Endproduktes $K_j$ erzeugen will.

Die wichtigsten Anwendungsmöglichkeiten des Modells von Leontieff sind folgende:

1. Analyse von Varianten des Produktionsplans. (Nach der Berechnung der inversen Matrix $(\mathbf{E} - \mathbf{A})^{-1}$ kann man sehr einfach die Werte $G_i$ für einen beliebigen Komplex der Werte $K_i$ berechnen).
2. Analyse des Einflusses von technologischen Modifikationen auf die Stoff- und Energiewirtschaft. (Für eine neue Technologie muß man die neuen Werte der technischen Produktionskoeffizienten $a_{ij}$ ermitteln und nach dem Invertieren der Matrix $(\mathbf{E} - \mathbf{A})$ erhält man dann die neuen Verbrauchskoeffizienten $A_{ij}$ ).
3. Lösung verschiedener Optimierungsprobleme. (Die Produktionskosten in jedem Produktionszweig sind der Gesamtproduktion $G_j$ proportional; z.B. kann man die Größen $G_i$ für verschiedene Technologien berechnen und dann jene optimale Technologie bestimmen, für die die Summe der Produktionskosten einen Minimalwert annimmt).

Bei der Anwendung des erörterten Modells treten folgende Fehlerquellen auf:

a) Es besteht keine direkte Proportionalität zwischen der Gesamtproduktion und dem Verbrauch an Ausgangsstoffen (z.B. ist bei einem Leerlauf der Anlage die Gesamtproduktion Null, trotzdem aber verbraucht man eine gewisse Menge an Antriebsenergie).

b) Der Zusammenschluß ähnlicher Produkte zu einem Produktenkomplex führt zu ungenauen Werten der technischen Produktionskoeffizienten.

c) Man rechnet mit durchschnittlichen Werten der Produktionskoeffizienten, die in Wirklichkeit von verschiedenen stochastischen Faktoren abhängig sind (z.B. kann man im Fall von nichtgespeicherten Energieträgern, wie Hochofengas, zeitweilige Überschüsse oder Mängel an diesem Energieträger nicht voraussehen).

## 2. Entwicklung des linearen Modells für einen Industriebetrieb

In den weiteren Erwägungen wird die Theorie von Leontieff auf ein Hüttenwerk angewendet. Zu diesem Zweck ist eine weitere Entwicklung dieser Theorie notwendig. Bei der Betrachtung eines Industriewerks ist die Anzahl der Produktionszweige viel kleiner als im Fall der Volkswirtschaft. Grundsätzlich führt dies zu einer Erleichterung der Berechnungen, aber man darf dabei nicht vergessen, daß gleichzeitig das Gesetz der großen Zahl in kleinerem Ausmaß genutzt werden kann. Ein lineares Modell eines Industriewerks soll deshalb viel mehr Einzelheiten berücksichtigen als ein klassisches Modell [1,3,4].

Bei den weiteren Erwägungen sind folgende Gesichtspunkte berücksichtigt worden [5]:

a) Anstatt einer direkten Proportionalität zwischen der Gesamtproduktion $G_i$ des i-ten Zweiges und dem Verbrauch der Ausgangsstoffe wird eine lineare Beziehung mit einem konstanten Glied eingeführt. Eine solche Beziehung beschreibt die wirklichen Zusammenhänge wesentlich genauer. Man kann z.B. den Leerlaufverbrauch an Energieträgern berücksichtigen und auch die Spitzenlastanlagen in die Rechnung einbeziehen.

b) Es gibt sehr wenige Prozesse, in denen man nur ein Produkt erzeugt. Bei der Betrachtung von gekoppelten Prozessen mit gleichzeitiger Erzeugung von mehreren Produkten mußte man im klassischen Modell eine künstliche Teilung des Prozesses in getrennte Zweige durchführen. Dies führt zur Vergrößerung der Anzahl der Produktionszweige, was die Berechnung der inversen Matrix $(\mathbf{E} - \mathbf{A})^{-1}$ erschwert. Außerdem mußte man einen arbiträren Verteilungssatz für Verbrauch der Ausgangsstoffe annehmen, da für die Aufteilung meistens keine begründeten Annahmen getroffen werden können. In den weiteren Erwägungen wird angenommen, daß man bei jedem gekoppelten Prozeß ein Hauptprodukt unterscheiden kann, mit dem der Verbrauch aller Ausgangsstoffe und Energieträger verbunden wird. Infolgedessen kann man die Bilanz der Nebenprodukte in einer zweiten Etappe erstellen.

c) Es gibt zahlreiche Produkte, die auch nicht zum Teil in den Produktionsprozeß zurückkehren. Die Gesamterzeugung an diesen Produkten ist also gleich der Endproduktion und braucht nicht nach einer indirekten Methode berechnet werden. Es genügt also, wenn man in den Hauptgleichungen nur die Halbprodukte berücksichtigt, die teilweise in den Produktionsprozessen verbraucht werden. Infolgedessen wird die Reihe der Matrix **A** viel kleiner und die Berechnung der inversen Matrix $(\mathbf{E} - \mathbf{A})^{-1}$ damit erleichtert.

Es werden also folgende Voraussetzungen getroffen:

1. In jedem Produktionszweig werden außer dem *Hauptprodukt* einige *Nebenprodukte* erzeugt.
2. Die Produktion der Nebenprodukte ist zu der Produktion der Hauptprodukte proportional.
3. Das Hauptprodukt eines Produktionszweiges kann als Nebenprodukt in einem anderen Zweig erzeugt werden.
4. Die Hauptprodukte teilt man in *Halbprodukte* (die zum Teil im gleichen oder in anderen Zweigen verbraucht werden) und *Fertigprodukte* (die fast völlig von dem Werk abgegeben werden). Die gesamte Produktion an Fertigprodukten ist bekannt.
5. Dem Werk werden *Rohstoffe* zugeliefert, die im Werk nicht erzeugt werden (z.B. Koks, wenn im Werk keine Kokerei besteht).
6. Die Produktion der Halbprodukte kann durch *zusätzliche Lieferungen* von außen ergänzt werden.
7. Die Nebenprodukte können zum Teil verkauft werden oder zusätzlich dem Werk zugeliefert werden.

## 2.1 Die Haupttafel des Modells

Wenn die Spitzenproduktion der Halbprodukte nach einer anderen Methode durchgeführt wird als die Grundproduktion, muß man annehmen, daß *die Grundproduktion bekannt und unabhängig von dem Produktionsplan ist*

$$\Pi_i = P_i + G_i \quad , \tag{5}$$

dabei sind:

$\Pi_i$ – Gesamtproduktion des Halbproduktes,

$P_i$ – bekannter (konstanter) Teil der Gesamtproduktion,

$G_i$ – unbekannter (veränderlicher) Teil der Gesamtproduktion.

Beispielsweise sei die Windproduktion erörtert (Abb. 1).

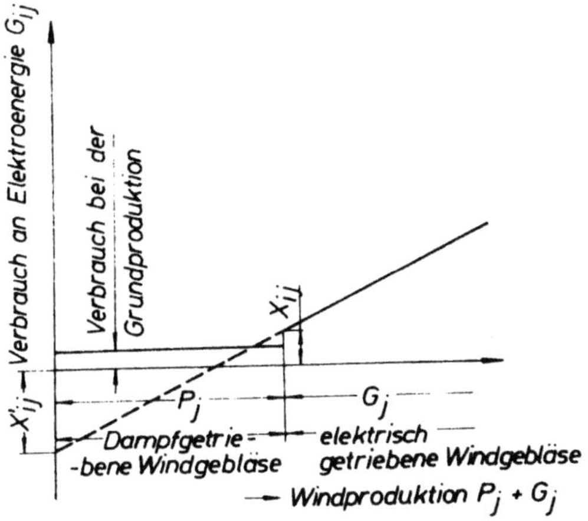


*Abb. 1*

*Verbrauch an elektrischer Energie bei der Winderzeugung*

Wir nehmen an, daß der Grundbedarf des Hochofenwindes durch die dampfgetriebenen Windgebläse gedeckt wird und daß für den Spitzenbedarf elektrisch getriebene Windgebläse eingeschaltet werden. Bei der Grundproduktion ist der Verbrauch an elektrischer Energie ungefähr konstant, da die elektrische Energie nur die Hilfsaggregate der dampfgetriebenen Gebläse speist (z.B. Wasserpumpen). Wenn der Windbedarf die Größe $P_j$ überschreitet, wächst der Verbrauch der elektrischen Energie linear. Die Beziehung zwischen dem Verbrauch von elektrischer Energie und dem Windbedarf kann also durch folgende Gleichung dargestellt werden:

$$G_{ij} = a_{ij} G_j + X_{ij} \quad , \qquad (6)$$

wo $X_{ij}$ den konstanten Verbrauch bei der Grundproduktion und den Leerlaufverbrauch der elektrischen Gebläse berücksichtigt.

Gleichung (6) gilt für den Verbrauch des i-ten Halbprodukts bei der Erzeugung eines beliebigen Halbprodukts. Für den Verbrauch des i-ten Halbprodukts bei der Erzeugung eines Fertigprodukts dagegen soll man Gleichung (7) anwenden:

$$\overline{G}_{ik} = \overline{a}_{ik} \overline{G}_k + \overline{X}_{ik} \quad , \qquad (7)$$

dabei sind in den Gleichungen (6) und (7):

$G_j$ – unbekannter Teil der Gesamtproduktion des Halbproduktes,

$\overline{G}_k$ – Gesamtproduktion des Fertigproduktes,

$X_{ij}, \overline{X}_{ik}$ – Verbrauch des i-ten Produktes, unabhängig von der Gesamtproduktion.

Die *Nebenproduktion des i-ten Halbproduktes* bei der Erzeugung des j-ten Halbproduktes oder k-ten Fertigproduktes kann durch die Gleichungen (8) und (9) erfaßt werden:

$$F_{ij} = f_{ij} G_j + Q_{ij} \quad , \qquad (8)$$

$$\overline{F}_{ik} = \overline{f}_{ik} \overline{G}_k + \overline{Q}_{ik} \quad . \qquad (9)$$

Die *Bilanz des i-ten Halbprodukts* kann also durch die Gleichung (10) dargestellt werden, die durch die Tabelle 1 veranschaulicht ist:

$$G_i + P_i + \sum_{j=1}^{n} f_{ij} G_j + \sum_{k=1}^{p} \overline{f}_{ik} \overline{G}_k + \sum_{j=1}^{n} Q_{ij} + \sum_{k=1}^{p} \overline{Q}_{ik} + I_i =$$

$$= \sum_{j=1}^{n} a_{ij} G_j + \sum_{k=1}^{p} \overline{a}_{ik} \overline{G}_k + \sum_{j=1}^{n} X_{ij} + \sum_{k=1}^{p} \overline{X}_{ik} + K_i \quad , \qquad (10)$$

$I_i$ bedeutet die zusätzlichen Lieferungen des Halbprodukts.

Grundsätzlich können die Größen $I_i$ und $K_i$ nicht gleichzeitig größer als Null sein, da es sinnlos wäre, ein Halbprodukt anzukaufen und gleichzeitig zu verkaufen.

Das Gleichungssystem (10) kann auch in symbolischer Matrizenform angeschrieben werden

**Tabelle 1** **Haupttabelle des Modells**

| Ordnungsnummer des Produktionszweiges | Gesamtproduktion des Halbproduktes | | Nebenproduktion des Halbproduktes | | | | | | | | zusätzliche Lieferungen | Verbrauch der Halbprodukte | | | | | | | | Endprodukt |
|---|---|---|---|---|---|---|---|---|---|---|---|---|---|---|---|---|---|---|---|---|
| | | | Produktionszweige für Halbprodukte | | | | Produktionszweige für Fertigprodukte | | | | | Produktionszweige für Halbprodukte | | | | Produktionszweige für Fertigprodukte | | | | |
| | veränderlicher Teil | bekannter Teil | 1 | 2 | ... | n | 1 | 2 | ... | p | | 1 | 2 | ... | n | 1 | 2 | ... | p | |
| 1 | $G_1$ | $P_1$ | 0 | $F_{12}$ | ... | $F_{1n}$ | $\bar{F}_{11}$ | $\bar{F}_{12}$ | ... | $\bar{F}_{1p}$ | $I_1$ | $G_{11}$ | $G_{12}$ | ... | $G_{1n}$ | $\bar{G}_{11}$ | $\bar{G}_{12}$ | ... | $\bar{G}_{1p}$ | $K_1$ |
| 2 | $G_2$ | $P_2$ | $F_{21}$ | 0 | ... | $F_{2n}$ | $\bar{F}_{21}$ | $\bar{F}_{22}$ | ... | $\bar{F}_{2p}$ | $I_2$ | $G_{21}$ | $G_{22}$ | ... | $G_{2n}$ | $\bar{G}_{21}$ | $\bar{G}_{22}$ | ... | $\bar{G}_{2p}$ | $K_2$ |
| ... | ... | ... | ... | ... | ... | ... | ... | ... | ... | ... | ... | ... | ... | ... | ... | ... | ... | ... | ... | ... |
| n | $G_n$ | $P_n$ | $F_{n1}$ | $F_{n2}$ | ... | 0 | $\bar{F}_{n1}$ | $\bar{F}_{n2}$ | ... | $F_{np}$ | $I_n$ | $G_{n1}$ | $G_{n2}$ | ... | $G_{nn}$ | $\bar{G}_{n1}$ | $\bar{G}_{n2}$ | ... | $\bar{G}_{np}$ | $K_n$ |

$$g + p + \mathbf{F}g + \overline{\mathbf{F}}\bar{g} + q + \bar{q} + i = \mathbf{A}g + \overline{\mathbf{A}}\bar{g} + x + \bar{x} + k \quad , \tag{11}$$

oder

$$(\mathbf{E} - \mathbf{A} + \mathbf{F})g = (\overline{\mathbf{A}} - \overline{\mathbf{F}})\bar{g} + x + \bar{x} + k - p - q - \bar{q} - i \quad . \tag{11a}$$

Nach einer linksseitigen Multiplikation der Gleichung (11a) mit der inversen Matrix $(\mathbf{E} - \mathbf{A} + \mathbf{F})^{-1}$ ergibt sich die unentbehrliche Gesamtproduktion der Halbprodukte zu:

$$g = (\mathbf{E} - \mathbf{A} + \mathbf{F})^{-1}[(\overline{\mathbf{A}} - \overline{\mathbf{F}})\bar{g} + x + \bar{x} + k - p - q - \bar{q} - i] \quad . \tag{12}$$

Für das Fertigprodukt ist die Bilanzgleichung sehr einfach, da der Verbrauch $\bar{s}$ für den eigenen Bedarf (Eigenverbrauch) als bekannt vorausgesetzt wird

$$\bar{g} = \bar{k} + \bar{s} - \bar{i} \quad . \tag{13}$$

Für den untersuchten Industriebetrieb sind folgende Vektoren und folgende Matrizen bekannt: $x, \bar{x}, q, \bar{q}, \bar{s}, p, \mathbf{A}, \overline{\mathbf{A}}, \mathbf{F}, \overline{\mathbf{F}}$. Durch den Produktionsplan werden die Vektoren $k$ und $\bar{k}$ (oder $\bar{i}$) gegeben. Grundsätzlich soll $\bar{i} = 0$ sein, aber die Endproduktion der Fertigprodukte kann aus eigenen Vorräten ergänzt werden. Dann ist $\bar{i} > 0$ bekannt. Unbekannt sind die Vektoren $g$ und $i$. Die Berechnung dieser beiden Vektoren ist die Hauptaufgabe des Modells.

Mit der Gleichung (12) kann man die *theoretische Gesamtproduktion der Halbprodukte* $\Omega$ unter der Voraussetzung $i = 0$ (keine zusätzlichen Lieferungen von Halbprodukten) berechnen

$$\Omega = (\mathbf{E} - \mathbf{A} + \mathbf{F})^{-1}[(\overline{\mathbf{A}} - \overline{\mathbf{F}})\bar{g} + x + \bar{x} + k - p - q - \bar{q}] + p \quad . \tag{14}$$

Die Werte $\Omega_i$ hat man mit den Werten $N_i$ der Produktionsfähigkeit der einzelnen Produktionszweige zu vergleichen:

$$\Omega \lesseqgtr n \;^{1)} . \tag{15}$$

Ist die Ungleichung (15) erfüllt, so kann man annehmen, daß keine zusätzlichen Lieferungen nötig sind. Dieser Fall trifft aber nur sehr selten zu. Wenn die Ungleichung (15) nicht erfüllt wird, entsteht eine Optimierungsfrage, die in weiteren Erwägungen erörtert wird.

Zwecks Vereinfachung der weiteren Formeln führt man die Bezeichnung $\Gamma$ für den Vektor der summarischen Gesamtproduktion in allen Produktionszweigen ein:

$$\Gamma = \begin{bmatrix} G_1 \\ \vdots \\ G_n \\ 0 \\ \vdots \\ 0 \end{bmatrix} + \begin{bmatrix} P_1 \\ \vdots \\ P_n \\ 0 \\ \vdots \\ 0 \end{bmatrix} + \begin{bmatrix} 0 \\ \vdots \\ 0 \\ \overline{G}_1 \\ \vdots \\ \overline{G}_p \end{bmatrix} \quad . \tag{16}$$

---

1) $\leqq$ bedeutet, daß für alle gleichnumerierten Elemente der untersuchten Matrizen eine Gleichheit zulässig ist.
$\leqslant$ bedeutet, daß nur für einige gleichnumerierte Elemente der untersuchten Matrizen eine Gleichheit auftreten kann.

### 2.2 Tabelle der Rohstoffe

Man nimmt an, daß der Verbrauch von Rohstoffen in linearer Beziehung zur Gesamtproduktion von Hauptprodukten steht. Man untersucht also nicht die Frage der Verteilung des Rohstoffverbrauchs zwischen den Haupt- und den Nebenprodukten.

$$W_{lj} = b_{lj} \Gamma_j + Y_{lj} \quad , \tag{17}$$

oder, in Matrizenform (siehe auch Tabelle 2):

$$w = \mathbf{B}\Gamma + y \quad . \tag{17a}$$

Wenn die Matrix **B** und der Vektor $y$ bekannt sind, kann man mit dem früher errechneten Vektor $\Gamma$ den Bedarf an Rohstoffen für die geplante Endproduktion ermitteln.

### 2.3 Tabelle der Nebenprodukte

Als Nebenprodukte (siehe Tabelle 3) werden solche Produkte betrachtet, die in der Haupttabelle des Modells nicht auftreten. Man nimmt an, daß die Produktion des Nebenprodukts direkt proportional zur Gesamtproduktion des Hauptproduktes ist:

$$U_{mj} = c_{mj} \Gamma_j \quad , \tag{18}$$

oder, in Matrizenform:

$$u = \mathbf{C}\Gamma \quad . \tag{18a}$$

Bei der Herstellung der Bilanz von Nebenprodukten nimmt man eine lineare Beziehung zwischen dem Verbrauch am m-ten Nebenprodukt im j-ten Zweig und der Gesamtproduktion im j-ten Zweig an

$$Z_{mj} = d_{mj} \Gamma_j + V_{mj} \quad . \tag{18b}$$

In der Bilanzgleichung muß man außerdem die zusätzlichen Lieferungen $h$ von Nebenprodukten und deren Verkauf $l$ berücksichtigen (Tabelle 4):

$$u + h = \mathbf{D}\Gamma + v + l \quad . \tag{19}$$

In der Praxis kennt man nur die Werte der Differenz $h - l$. Bei positiven Werten muß man die Nebenprodukte für den untersuchten Betrieb zusätzlich kaufen. Ein negativer Wert von $H_m - L_m$ bedeutet einen Überschuß am betreffenden Nebenprodukt.

**Tabelle 2** **Tabelle der Rohstoffe**

| Ordnungs-nummer | Rohstoff-menge | Rohstoffverbrauch | | | |
|---|---|---|---|---|---|
| | | 1 | 2 | ... | n + p |
| 1 | $W_1$ | $W_{11}$ | $W_{12}$ | ... | $W_{1\,n+p}$ |
| 2 | $W_2$ | $W_{21}$ | $W_{22}$ | ... | $W_{2\,n+p}$ |
| ... | ... | ... | ... | ... | ... |
| q | $W_q$ | $W_{q1}$ | $W_{q2}$ | ... | $W_{q\,n+p}$ |

**Tabelle 3** **Nebenprodukterzeugung**

| Ordnungs-nummer | Gesamt-produktion | Erzeugung in einzelnen Produktionszweigen | | | |
|---|---|---|---|---|---|
| | | 1 | 2 | ... | n + p |
| 1 | $U_1$ | $U_{11}$ | $U_{12}$ | ... | $U_{1\,n+p}$ |
| 2 | $U_2$ | $U_{21}$ | $U_{22}$ | ... | $U_{2\,n+p}$ |
| ... | ... | ... | ... | ... | ... |
| r | $U_r$ | $U_{r1}$ | $U_{r2}$ | ... | $U_{r\,n+p}$ |

**Tabelle 4** **Nebenproduktverbrauch**

| Ordnungs-nummer | Gesamt-produktion | zusätzliche Lieferungen | Verbrauch in einzelnen Produktionszweigen | | | | End-produktion |
|---|---|---|---|---|---|---|---|
| | | | 1 | 2 | ... | n + p | |
| 1 | $U_1$ | $H_1$ | $Z_{11}$ | $Z_{12}$ | ... | $Z_{1\,n+p}$ | $L_1$ |
| 2 | $U_2$ | $H_2$ | $Z_{21}$ | $Z_{22}$ | ... | $Z_{2\,n+p}$ | $L_2$ |
| ... | ... | ... | ... | ... | ... | ... | ... |
| r | $U_r$ | $H_r$ | $Z_{r1}$ | $Z_{r2}$ | ... | $Z_{r\,n+p}$ | $L_r$ |

## 2.4 Bilanz des Hochofengases

Nicht alle Elemente der Matrix **D** (und auch der Matrix **B**) kann man a priori ermitteln. Als Beispiel hierfür soll die Bilanz des Hochofengases erörtert werden. Da die Produktion des Hochofengases sehr unregelmäßig ist, verbrennt man die zeitweiligen Überschüsse in einem Doppelbrennstoffkessel. Außerdem kann eine gewisse Menge des Hochofengases nach außen verkauft werden (z.B. für eine Kokerei), wobei die verkaufte Menge $L_s$ geplant wird. Man kann also die Bilanz des Hochofengases durch folgende Formel darstellen:

$$(1-\kappa)U_s = \sum_{t=1}^{n+p} d_{st}\,\Gamma_t + \sum_{t=1}^{n+p} V_{st} + L_s \quad , \tag{20}$$

wo $\kappa$ den Koeffizienten der Gasverluste im Hochofenbetrieb bedeutet.

In der Gleichung (20) sind alle Werte $\Gamma_t$ und $V_{st}$ bekannt. In der Matrix **D** kennt man alle Elemente außer dem Element $d_{su}$ (wo „s" das Gas bezeichnet, „u" – die Kesselanlage). Aus der Gleichung (20) kann man also die Menge $\Gamma_u\, d_{su}$ des Hochofengases berechnen, die für die Kesselanlage zur Verfügung steht. Die Größe $\Gamma_u\, d_{su}$ darf nicht den Wert $(Z_{su})_{max}$ überschreiten

$$d_{su}\,\Gamma_u \leqslant (Z_{su})_{max} \quad , \tag{21}$$

wo die letztere Größe die höchstmögliche Menge an in der Kesselanlage zu verbrennendem Gas bedeutet.

Für die Dampfproduktion in der Kesselanlage nimmt man eine lineare Beziehung an:

$$\Gamma_u = \alpha\, b_{zu}\,\Gamma_u + \beta\, d_{su}\,\Gamma_u \quad . \tag{22}$$

Werden alle Größen in der Gleichung (22) in Energieeinheiten ausgedrückt, dann sind $\alpha$ und $\beta$ proportional dem thermischen Wirkungsgrad des Kessels, der entweder nur mit Kohle oder nur mit Gas beheizt wird.

Aus der Gleichung (22) kann man den Koeffizienten $b_{zu}$ berechnen, wobei sich der Wert $d_{su}$ aus der Gleichung (20) ergibt

$$d_{su} = \frac{1}{\Gamma_u}\Big[(1-\kappa)U_s - \sum_{j\neq u}^{n+p} d_{sj}\,\Gamma_j - \sum_{j=1}^{n+p} V_{sj} - L_s\Big] \quad , \tag{23}$$

$$b_{zu} = \frac{1-\beta\, d_{su}}{\alpha} \quad . \tag{24}$$

## 2.5 Dampfwirtschaft

In jedem großen Industriebetrieb benutzt man mindestens zwei verschiedene Dampfzustände, wobei jede Dampfsorte anderen Zwecken dient. Grundsätzlich sollte jede Dampfsorte als gesondertes Halbprodukt betrachtet werden, für jedes Dampfnetz sollte also eine gesonderte Bilanz aufgestellt werden. Meistens kann man unterscheiden zwischen:

a) Hochdruckdampf (Betriebsmittel für die Turbinen eines Kraftwerks),

b) Mitteldruckdampf (zum Antrieb der Windgebläse und für technologische Zwecke),

c) Niederdruckdampf (für Heizzwecke).

Die Erzeugung der Elektroenergie in Heizkraftwerken muß als Nebenproduktion des Hauptproduktes betrachtet werden, da der Verbrauch des Gegendruckdampfes den technologischen Anforderungen angepaßt werden muß, die Menge der Elektroenergie dagegen, die aus dem Gegendruckdampfstrom erzeugt wird, wird durch die Dampfmenge bestimmt.

Auf Abb. 2 wird die geordnete Kurve des Bedarfs an Mitteldruckdampf dargestellt. Den Hauptteil des Mitteldruckdampfes bekommt man aus der Entnahme der Dampfturbine. Den Spitzenbedarf deckt man durch eine Reduzierstation. Um eine lineare Beziehung zu erhalten, muß man annehmen, daß die Menge des Entnahmedampfes bekannt (konstant) ist. Als unbekannter (veränderlicher) Teil der Gesamtproduktion wird die Menge des aus der Reduzierstation stammenden Dampfes angesehen.

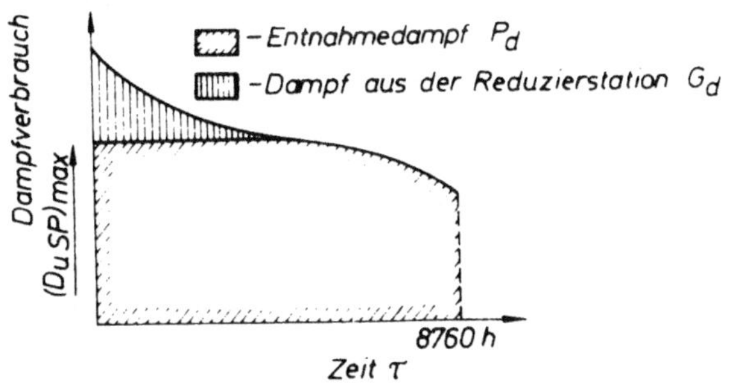


Abb. 2

Geordnete Kurve des Bedarfs an Mitteldruckdampf

## 3. Anwendungen des linearen Modells

### 3.1 Analyse von Varianten des Produktionsplans

Bei einer gegebenen Struktur des Industriewerks sind folgende Matrizen und Vektoren bekannt: $\mathbf{A}$, $\overline{\mathbf{A}}$, $\mathbf{F}$, $\overline{\mathbf{F}}$, $p$, $q$, $\overline{q}$, $x$, $\overline{x}$, $\mathbf{C}$, $\mathbf{D}$ (außer $d_{su}$), $v$, $\mathbf{B}$ (außer $b_{zu}$), $y$. Die Elemente der Matrizen und Vektoren kann man am besten aus den statistischen Daten früherer Jahre ermitteln. Bei der Vorbereitung des Modells für einen neuen Zeitabschnitt soll man aber alle Koeffizienten sorgfältig analysieren und, sich auf die Kenntnis der Prozesse stützend, entsprechende Korrekturen einführen.

Die einfachste Aufgabe, die in der Praxis einer Lösung bedarf, besteht in der Berechnung des Bedarfs an Rohstoffen für einen gegebenen Plan der Endproduktion bei gegebenen Werten für die zusätzlichen Lieferungen von Halbprodukten. Nach der Berechnung der inversen Matrix $(\mathbf{E} - \mathbf{A} + \mathbf{F})^{-1}$ erhält man sehr leicht die Lösung für beliebige Werte der Vektoren $k$, $\overline{k}$, $i$, $\overline{i}$, $\overline{s}$, d.h. also für eine beliebige Variante des Produktionsplans.

Aus der Gleichung (13) berechnet man die Gesamtproduktion der Fertigprodukte $\overline{g}$.

Aus der Gleichung (12) folgt die Gesamtproduktion der Halbprodukte $g + p$.

Aus den Gleichungen (23) und (24) ermittelt man die Werte $d_{su}$, $b_{zu}$.

Aus der Gleichung (19) bekommt man die Überschüsse oder die Mangelwerte für die Nebenprodukte.

Mit der Gleichung (17) bestimmt man den Bedarf an Rohstoffen.

### 3.2 Analyse des Einflusses der technologischen Änderungen

Jede neue technologische Maßnahme führt zu einer Änderung der entsprechenden Elemente der in Punkt 3.1 angeführten Vektoren und Matrizen. Infolgedessen ändern sich aber fast alle Elemente der inversen Matrix $(\mathbf{E} - \mathbf{A} + \mathbf{F})^{-1}$. Man muß also neuerdings die Berechnung der inversen Matrix durchführen, um dann die in Punkt 3.1 beschriebenen Berechnungen durchführen zu können.

### 3.3 Wahl der Produktionsstruktur

Wenn man die volle Ausnutzung der Produktionsfähigkeit aller Zweige anstrebt, hat man folgende Bedingungen zu erfüllen:

$$g + p = n \quad , \tag{25}$$

$$\overline{g} = \overline{n} \quad . \tag{26}$$

Die höchstmögliche Endproduktion ist dann durch folgende Formeln ausgedrückt

$$\begin{aligned} \overline{k} &= \overline{n} - \overline{s} + \overline{i} \quad , \\ k - i &= (\mathbf{E} - \mathbf{A} + \mathbf{F})(n - p) - (\overline{\mathbf{A}} - \overline{\mathbf{F}})\overline{n} - x - \overline{x} + p + q + \overline{q} \quad . \end{aligned} \tag{27}$$

Man kann also nur die Differenzen $k - i$ und $\overline{k} - \overline{i}$ berechnen. Bei positiven Werten $K_i - I_i > 0$ soll man grundsätzlich $I_i = 0$ annehmen, bei negativen Werten dagegen soll $K_i = 0$ sein.

### 3.4 Optimierung der zusätzlichen Lieferungen der Halbprodukte

Eine typische Optimierungsfrage entsteht dann, wenn man bei gegebenen Vektoren der Endproduktion $k$, $\overline{k}$ eine möglichst kleine Belastung anderer Betriebe desselben Industriegebietes anstrebt. Man soll also die geplante Endproduktion bei einer möglichst kleinen Summe der Kosten der zusätzlichen Lieferungen erreichen

$$\Phi = \Pi i = \min \quad , \qquad (28)$$

wobei $\Pi$ den Zeilenvektor der Einzelkosten der zusätzlichen Lieferungen darstellt. Bei der Lösung des Problems sind folgende einschränkende Bedingungen zu berücksichtigen:

$$g + p \leqslant n \quad , \qquad (29)$$

$$g + p \geqslant 0 \quad , \qquad (30)$$

$$i \geqslant 0 \quad . \qquad (31)$$

Unter Verwendung der Gleichungen (13) und (14) können die Ungleichungen (29) und (30) in folgender Form dargestellt werden:

$$(\mathbf{E} - \mathbf{A} + \mathbf{F})^{-1}\, i \geqslant \Omega - n \quad , \qquad (32)$$

$$(\mathbf{E} - \mathbf{A} + \mathbf{F})^{-1}\, i \leqslant \Omega \quad . \qquad (33)$$

Die einschränkende Bedingung (33) ist praktisch immer erfüllt; sie spielt also keine wesentliche Rolle.

Bei der Lösung der erörterten Aufgabe ist zu beachten, daß die Zielfunktion $\Phi$ und die einschränkenden Bedingungen linear sind. Man hat demnach eine typische Aufgabe der linearen Programmierung zu lösen. Die dazu geeignete Vorgangsweise kann anhand eines einfachen Beispiels erklärt werden. Nehmen wir an, daß es sich um zwei Produktionszweige handelt (Abb. 3). Die Zielfunktion und die einschränkenden Bedingungen seien durch die Beziehungen (a) und (b) dargestellt:

$$\Phi = k_1 I_1 + k_2 I_2 \quad , \qquad (a)$$

$$\left.\begin{aligned} A_{11} I_1 + A_{12} I_2 &\geqslant \Omega_1 - N_1 \quad , \\ A_{21} I_1 + A_{22} I_2 &\geqslant \Omega_2 - N_2 \quad . \end{aligned}\right\} \qquad (b)$$

Im Koordinatensystem $(I_1, I_2)$ kann man die Geraden $\Phi$ = const zeichnen. Die Geraden a, b begrenzen das Gebiet der zulässigen Lösungen. Die optimale Lösung, d.h. jene, für die const den kleinsten Wert annimmt, liegt demnach im Punkt R, d.h. an einer der Ecken des Gebietes der zulässigen Lösungen.

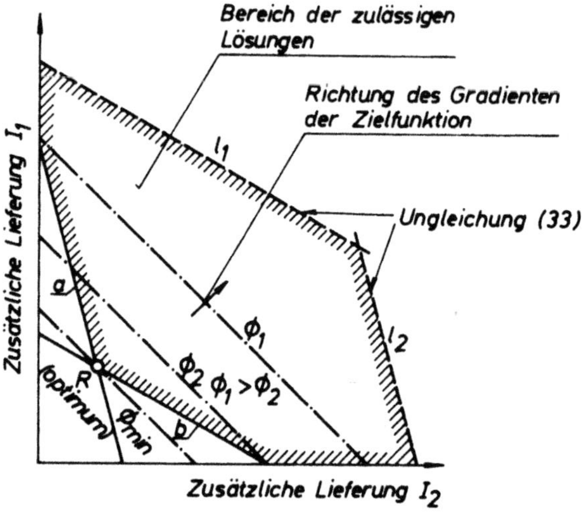


Abb. 3
Optimierung der zusätzlichen Lieferungen

In Abb. 4 wird ein Blockschema des Berechnungsalgorithmus dargestellt. Wenn in allen Produktionszweigen die theoretisch geforderte Gesamtproduktion nicht größer als die Produktionsfähigkeit ist ($\Omega \leqslant n$), braucht man keine zusätzlichen Lieferungen der Halbprodukte. Im anderen Fall entsteht die Frage der gleichzeitigen Berechnung der Vektoren $g$ und $i$, die mit Hilfe der linearen Programmierung beantwortet werden kann.

**4. Beispiel der Anwendung des linearen Modells für eine Eisenhütte**

In einer Eisenhütte wurden 23 Produktionszweige unterschieden, wovon 13 die Halbprodukte erzeugen und die übrigen 10 Fertigprodukte liefern.

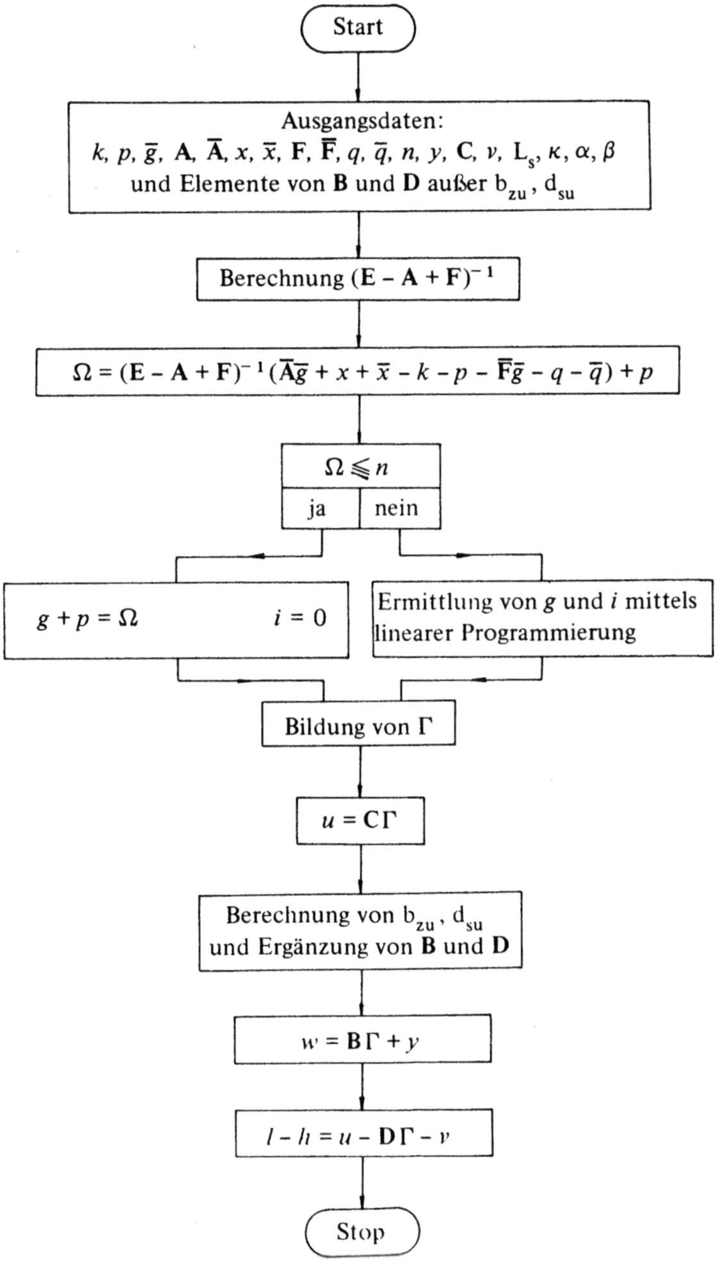


Abb. 4
Blockschema des Berechnungsalgorithmus

Halbprodukte:

1. Dampf
2. elektrische Energie
3. Nutzwasser
4. Preßluft
5. Hochofenwind
6. Sinterdolomit
7. Agglomerat
8. Siemens-Martin-Roheisen
9. weißes Roheisen
10. Ferromangan
11. Stahl
12. Produkt der Blockstraße
13. Produkt der Mittelstraße

Fertigprodukte:

1. Stahlgußstücke
2. Schienen
3. Walzprofile
4. Grobblech
5. Feinblech
6. verzinktes Blech
7. Schmiedestücke
8. Stahlkonstruktionen
9. nichteiserne Gußstücke
10. verarbeitete Schlacke

In der Tabelle 5 sind die geplanten Werte der Endproduktion der Halbprodukte angegeben und die Werte von $P_i$, $Q_i$, $X_i + \overline{X}_i$. Die Einheiten sind so gewählt worden, um einen möglichst einheitlichen Bereich der Werte der technischen Produktionskoeffizienten zu erhalten.

Die Grundmenge des Hochofenwindes wird in dampfgetriebenen Turbogebläsen erzeugt. Diese Menge wird als bekannt vorausgesetzt. Deshalb wird auch der Verbrauch der Energieträger bei der Erzeugung der Grundmenge des Windes den Werten $X_i$ zugerechnet (Verbrauch der Halbprodukte unabhängig von der Gesamtproduktion). Der veränderliche Teil des Windes wird in elektrischen Gebläsen erzeugt. Die technischen Produktionskoeffizienten werden in bezug auf den veränderlichen Teil des Windbedarfs ermittelt.

In der Tabelle 6 ist die geplante Produktion der Fertigprodukte angegeben. Der Verbrauch dieser Produkte in der Hütte und die zusätzlichen Lieferungen (aus eigenen Vorräten) ist ebenfalls bekannt. Die Gesamtproduktion ist demnach leicht zu berechnen.

In der Tabelle 7 werden die technischen Produktionskoeffizienten angegeben. Im betrachteten Fall tritt die Nebenproduktion der Hauptprodukte nicht auf. In Tabelle 8 sind die Elemente der inversen Matrix $(\mathbf{E} - \mathbf{A} + \mathbf{F})^{-1}$ angegeben. Die technischen Produktionskoeffizienten für die Endprodukte sind in Tabelle 9 zusammengestellt.

Dem Werk werden 14 Rohstoffe zugeführt:

1. Steinkohle
2. Koks
3. Koksofengas
4. Heizöl
5. Trinkwasser
6. Dolomit
7. Kalkstein
8. Eisenerz
9. Manganerz
10. Stahlwerkerz
11. Sinterkalk
12. Stahlwerkzusätze
13. Blechbunde
14. Konstruktionswerkstoffe

**Tabelle 5** **Vektoren $k$, $p$, $q$, $x$, $\bar{x}$**

| i | Halbprodukt | Einheit | Endproduktion $K_i$ | Bekannter Teil der Gesamt-produktion $P_i$ | Konstanter Teil der Nebenpro-duktion $Q_i$ | Verbrauch unabhängig vom Produk-tionsniveau $X_i + \bar{X}_i$ |
|---|---|---|---|---|---|---|
| 1 | Dampf | $10^2$ GJ | 130,00 | – | 465,20 | 17 248,53 |
| 2 | elektrische Energie | $10^1$ GJ | 3 600,00 | – | – | 6 921,43 |
| 3 | Industriewasser | $10^4$ Mg | 47,00 | – | – | 268,54 |
| 4 | Preßluft | $10^4$ $m^3$ 1 | – | – | – | 4 866,37 |
| 5 | Hochofenwind | $10^5$ $m_n^3$ | – | 16 958,00 | – | 3 825,00 |
| 6 | Sinterdolomit | $10^1$ Mg | – | – | – | – |
| 7 | Agglomerat | $10^2$ Mg | – | – | – | – |
| 8 | SM-Roheisen | $10^2$ Mg | 260,00 | – | – | – |
| 9 | weißes Roheisen | $10^1$ Mg | 550,00 | – | – | – |
| 10 | Ferromangan | $10^1$ Mg | 5 670,00 | – | – | – |
| 11 | Stahl | $10^2$ Mg | 660,00 | – | – | – |
| 12 | Produkt der Blockstraße | $10^2$ Mg | 1 760,00 | – | – | – |
| 13 | Produkt der Mittelstraße | $10^2$ Mg | 1 440,00 | – | – | 2,66 |

1) Preßlufteinheit: 1 $m^3$ bei 5 bar, 140° C.

**Tabelle 6** **Erzeugungsplan der Fertigprodukte**

| k | Fertigprodukt | Einheit | Endproduktion $\bar{K}_k$ | Eigen-verbrauch $\bar{S}_k$ | Zusätzliche Lieferung $\bar{I}_k$ | Gesamt-produktion $\bar{G}_k$ |
|---|---|---|---|---|---|---|
| 1 | Stahlgußstücke | Mg | – | 2 500 | – | 2 500 |
| 2 | Schienen | $10^1$ Mg | 3 800,0 | 140,0 | – | 3 940,0 |
| 3 | Walzprofile | $10^2$ Mg | 2 620,00 | 10,00 | 10,00 | 2 620,00 |
| 4 | Grobblech | $10^2$ Mg | 2 020,00 | 110,00 | 40,00 | 2 090,00 |
| 5 | Feinblech | $10^1$ Mg | 7 300,0 | 50,0 | 40,00 | 7 310,0 |
| 6 | verzinktes Blech | Mg | 7 400 | – | 30 | 7 370 |
| 7 | Schmiedestücke | Mg | 4 500 | 1 200 | 100 | 5 600 |
| 8 | Stahlkonstruktionen | $10^1$ Mg | 1 240,0 | 350,0 | – | 1 590 |
| 9 | nichteiserne Gußstücke | Mg | – | 200 | – | 200 |
| 10 | verarbeitete Schlacke | $10^2$ Mg | 5 990,00 | 40,00 | – | 6 030,00 |

Tabelle 7

**Matrix A der technischen Produktionskoeffizienten**

| i \ j | 1 | 2 | 3 | 4 | 5 | 6 | 7 | 8 | 9 | 10 | 11 | 12 | 13 |
|---|---|---|---|---|---|---|---|---|---|---|---|---|---|
| 1 | 0,066 187 | 0,162 054 | 0,000 000 | 0,000 000 | 0,047 814 | 0,000 000 | 0,000 000 | 0,148 476 | 0,028 515 | 0,030 838 | 0,307 743 | 1,263 648 | 0,000 764 |
| 2 | 0,074 005 | 0,049 827 | 1,562 147 | 0,360 940 | 1,626 990 | 0,019 571 | 0,904 685 | 1,721 365 | 0,131 934 | 0,148 472 | 0,731 297 | 0,094 902 | 1,579 656 |
| 3 | 0,000 360 | 0,001 984 | 0 | 0,005 610 | 0,001 623 | 0 | 0,013 063 | 0,271 520 | 0,018 187 | 0,021 440 | 0,014 200 | 0,017 672 | 0,230 004 |
| 4 | 0,011 069 | 0 | 0 | 0,001 055 | 0 | 0 | 0,029 917 | 0,123 678 | 0,024 680 | 0,039 650 | 0,907 208 | 0,025 303 | 0,172 432 |
| 5 | 0 | 0 | 0 | 0 | 0 | 0 | 0 | 2,842 486 | 0,408 860 | 0,573 682 | 0 | 0 | 0 |
| 6 | 0 | 0 | 0 | 0 | 0 | 0 | 0 | 0 | 0 | 0 | 0,505 698 | 0 | 0 |
| 7 | 0 | 0 | 0 | 0 | 0 | 0 | 0 | 0,517 627 | 0,060 881 | 0 | 0 | 0 | 0 |
| 8 | 0 | 0 | 0 | 0 | 0 | 0 | 0 | 0 | 0 | 0 | 0,630 247 | 0 | 0 |
| 9 | 0 | 0 | 0 | 0 | 0 | 0 | 0 | 0 | 0 | 0 | 0,003 329 | 0 | 0 |
| 10 | 0 | 0 | 0 | 0 | 0 | 0 | 0 | 0 | 0 | 0 | 0,148 649 | 0 | 0 |
| 11 | 0 | 0 | 0 | 0 | 0 | 0 | 0 | 0 | 0 | 0 | 0 | 0 | 0 |
| 12 | 0 | 0 | 0 | 0 | 0 | 0 | 0 | 0 | 0 | 0 | 0 | 1,155 559 | 1,090 135 |
| 13 | 0 | 0 | 0 | 0 | 0 | 0 | 0 | 0 | 0 | 0 | 0 | 0 | 0 |

**Tabelle 8**

## Inverse Matrix $(E - A + F)^{-1}$

| i \ j | 1 | 2 | 3 | 4 | 5 | 6 | 7 | 8 | 9 | 10 | 11 | 12 | 13 |
|---|---|---|---|---|---|---|---|---|---|---|---|---|---|
| 1 | 1,086 536 | 0,185 894 | 0,290 409 | 0,068 806 | 0,354 885 | 0,003 616 | 0,174 023 | 1,667 530 | 0,218 189 | 0,273 304 | 1,631 001 | 3,282 272 | 3,952 347 |
| 2 | 0,090 260 | 1,071 236 | 1,673 489 | 0,396 473 | 1,750 011 | 0,020 885 | 1,002 853 | 7,854 465 | 0,960 758 | 1,215 664 | 6,339 344 | 7,580 936 | 10,409 935 |
| 3 | 0,000 637 | 0,002 205 | 1,003 437 | 0,006 435 | 0,005 241 | 0,000 050 | 0,015 297 | 0,299 965 | 0,021 801 | 0,025 120 | 0,214 779 | 0,267 109 | 0,526 566 |
| 4 | 0,012 028 | 0,002 052 | 0,003 212 | 1,001 816 | 0,003 918 | 0,000 027 | 0,031 868 | 0,157 757 | 0,028 950 | 0,042 717 | 1,019 997 | 1,219 486 | 1,506 155 |
| 5 | 0 | 0 | 0 | 0 | 1,000 000 | 0 | 0 | 2,842 400 | 0,408 863 | 0,572 670 | 1,877 857 | 2,170 017 | 2,365 578 |
| 6 | 0 | 0 | 0 | 0 | 0 | 1,000 000 | 0 | 0 | 0 | 0 | 0,505 745 | 0,584 427 | 0,637 123 |
| 7 | 0 | 0 | 0 | 0 | 0 | 0 | 1,000 000 | 0,517 632 | 0,060 890 | 0 | 0,326 447 | 0,377 235 | 0,411 247 |
| 8 | 0 | 0 | 0 | 0 | 0 | 0 | 0 | 1,000 000 | 0 | 0 | 0,630 260 | 0,728 321 | 0,793 980 |
| 9 | 0 | 0 | 0 | 0 | 0 | 0 | 0 | 0 | 1,000 000 | 0 | 0,003 334 | 0,003 864 | 0,004 208 |
| 10 | 0 | 0 | 0 | 0 | 0 | 0 | 0 | 0 | 0 | 1,000 000 | 0,148 628 | 0,171 761 | 0,187 237 |
| 11 | 0 | 0 | 0 | 0 | 0 | 0 | 0 | 0 | 0 | 0 | 1,000 000 | 1,155 525 | 1,259 670 |
| 12 | 0 | 0 | 0 | 0 | 0 | 0 | 0 | 0 | 0 | 0 | 0 | 1,000 000 | 1,090 065 |
| 13 | 0 | 0 | 0 | 0 | 0 | 0 | 0 | 0 | 0 | 0 | 0 | 0 | 1,000 000 |

Tabelle 9

**Matrix $\bar{A}$ der technischen Produktionskoeffizienten für Produktionszweige, die die Fertigprodukte erzeugen**

| i \ k | 1 | 2 | 3 | 4 | 5 | 6 | 7 | 8 | 9 | 10 |
|---|---|---|---|---|---|---|---|---|---|---|
| 1 | 0,000 000 | 0,305 997 | 1,691 901 | 0,001 077 | 0,048 739 | 0,000 000 | 0,106 618 | 0,000 000 | 0,000 000 | 0,000 000 |
| 2 | 0,017 568 | 0,035 845 | 0,370 210 | 2,133 301 | 0,489 176 | 0,155 953 | 0,017 518 | 0,284 082 | 0,189 900 | 0,101 678 |
| 3 | 0 | 0,004 845 | 0,108 397 | 0,201 029 | 0,023 027 | 0,000 104 | 0,000 448 | 0 | 0 | 0,004 151 |
| 4 | 0,114 544 | 0,002 409 | 0,202 489 | 0,066 981 | 0,048 564 | 0,003 030 | 0,020 755 | 0,453 723 | 0,517 850 | 0 |
| 5 | 0 | 0 | 0 | 0 | 0 | 0 | 0 | 0 | 0 | 0 |
| 6 | 0 | 0 | 0 | 0 | 0 | 0 | 0 | 0 | 0 | 0 |
| 7 | 0 | 0 | 0 | 0 | 0 | 0 | 0 | 0 | 0 | 0 |
| 8 | 0 | 0 | 0 | 0 | 0 | 0 | 0 | 0 | 0 | 0 |
| 9 | 0 | 0 | 0 | 0 | 0 | 0 | 0 | 0 | 0 | 0 |
| 10 | 0 | 0 | 0 | 0 | 0 | 0 | 0 | 0 | 0 | 0 |
| 11 | 0,012 480 | 0 | 0 | 0 | 0 | 0 | 0 | 0 | 0 | 0 |
| 12 | 0 | 0,107 959 | 1,156 859 | 1,252 172 | 0 | 0 | 0,010 823 | 0,000 044 | 0 | 0 |
| 13 | 0 | 0 | 0 | 0 | 0,119 672 | 0 | 0 | 0,002 428 | 0 | 0 |

In den Produktionsprozessen werden 12 Nebenprodukte erzeugt:

1. Hochofengas
2. Hochofenstaub
3. Sinterwerkstaub
4. Hochofenschlacke
5. Manganschlacke
6. Wärmeofenschlacke
7. Siemens-Martin-Schlacke
8. Walzzunder
9. Roheisengrimmsel
10. Hochofenschrott
11. Siemens-Martin-Schrott
12. Nichteisen-Schrott

Die voraussichtliche Menge des verkauften Hochofengases ist bekannt und beträgt $L_s = 1300 \cdot 10^3$ GJ/Jahr. Der Koeffizient der Gasverluste beträgt $1 - \kappa = 0{,}163$. Der thermische Wirkungsgrad der Kesselanlage ergibt sich mit $\eta_{th\,\alpha} = 0{,}761$ bei der Beheizung mit Hochofengas und $\eta_{th\,\beta} = 0{,}822$ bei der Beheizung mit Steinkohle. Aus der Hochofengasbilanz (23) berechnet man $d_{11} = 0{,}0692 \cdot 10^1$ GJ Gas/GJ Dampf. Aus (24) folgt $b_{11} = 0{,}5755$ GJ Steinkohle/GJ Dampf.

In der Tabelle 10 werden die Werte $\Omega$ mit der Produktionsfähigkeit $n$ verglichen. Da die Bedingung $\Omega \leqslant n$ nicht erfüllt wird, soll man gleichzeitig die Vektoren $g$ und $i$ ermitteln. Im betrachteten Fall wird die zusätzliche Lieferung des Dampfes, der Preßluft und des Hochofenwindes praktisch unmöglich. Mit der Annahme $I_1 = I_4 = I_5 = 0$ bekommt man die Gleichung der Zielfunktion und die einschränkenden Bedingungen, die in Tabelle 11 zusammengestellt sind.

Die vierte einschränkende Ungleichheit ist für alle $I_i \geqslant 0$ erfüllt. Sie kann also bei den weiteren Berechnungen unberücksichtigt bleiben. In Tabelle 12 werden die Ergebnisse der Optimierungsrechnung angegeben. Die erhaltenen Werte $G_i$ dienen der Berechnung des Rohstoffbedarfs (Tabelle 14). Die Koeffizienten für den Rohstoffbedarf sind in Tabelle 13 zusammengestellt. Die Tabellen 15 und 16 enthalten die Werte der Koeffizienten der Erzeugung und des Verbrauchs der Nebenprodukte. In der Tabelle 17 wird der Plan der Erzeugung und Ausnutzung der Nebenprodukte angegeben.

Das mathematische Modell der Stoff- und Energiebilanz kann durch wirtschaftliche Daten ergänzt werden. Es kann also auch bei der Analyse der Produktionskosten Anwendung finden.

Tabelle 10

**Vergleich der theoretischen Produktion mit der Produktionsfähigkeit der Halbprodukte**

| i | Halbprodukte | Einheit | Produktions-fähigkeit $N_i$ | theoretische Gesamt-produktion $\Omega_i$ | $\Omega_i - N_i$ | Einzelkosten der zusätzlichen Lieferung zl/Einheit |
|---|---|---|---|---|---|---|
| 1 | Dampf | $10^2$ GJ | 59 000,0 | 64 148,36 | 5 148,36 | – |
| 2 | elektrische Energie | $10^1$ GJ | 45 000,0 | 105 528,66 | 60 528,66 | 1 229,7 |
| 3 | Industriewasser | $10^4$ Mg | 4 200,0 | 4 992,23 | 792,23 | 26 800,0 |
| 4 | Preßluft | $10^4$ $m^3$ | 29 400,0 | 21 571,91 | -7 828,09 | – |
| 5 | Hochofenwind | $10^5$ $m^3_n$ | 27 400,0 | 31 955,40 | 4 555,40 | – |
| 6 | Sinterdolomit | $10^1$ Mg | 4 200,0 | 6 442,03 | 2 242,03 | 6 693,9 |
| 7 | Erzsinter | $10^2$ Mg | 2 940,0 | 4 326,26 | 1 386,26 | 68 655,0 |
| 8 | SM-Roheisen | $10^2$ Mg | 6 740,0 | 8 288,12 | 1 548,12 | 217 750,0 |
| 9 | Weißes Roheisen | $10^1$ Mg | 580,0 | 592,6 | 12,6 | 32 070,0 |
| 10 | Ferromangan | $10^1$ Mg | 7 500,0 | 7 563,3 | 63,3 | 69 060,0 |
| 11 | Stahl | $10^2$ Mg | 8 740,0 | 12 737,07 | 3 997,07 | 298 300,0 |
| 12 | Produkt der Blockstraße | $10^2$ Mg | 7 100,0 | 10 424,44 | 3 324,44 | 340 200,0 |
| 13 | Produkt der Mittelstraße | $10^2$ Mg | 1 800,0 | 2 321,32 | 521,32 | 391 000,0 |

**Tabelle 11** **Zielfunktion und einschränkende Bedingungen**

a) Einschränkende Bedingungen

| | | | | | | | | | | |
|---|---|---|---|---|---|---|---|---|---|---|
| $0{,}185\,894\, I_2$ | $+\, 0{,}290\,409\, I_3$ | $+\, 0{,}003\,616\, I_6$ | $+\, 0{,}174\,023\, I_7$ | $+\, 1{,}667\,530\, I_8$ | $+\, 0{,}218\,189\, I_9$ | $+\, 0{,}273\,304\, I_{10}$ | $+\, 1{,}631\,001\, I_{11}$ | $+\, 3{,}282\,272\, I_{12}$ | $+\, 3{,}952\,347\, I_{13} \geq$ | 5 148,36 |
| $1{,}071\,236\, I_2$ | $+\, 1{,}673\,489\, I_3$ | $+\, 0{,}020\,885\, I_6$ | $+\, 1{,}002\,853\, I_7$ | $+\, 7{,}854\,465\, I_8$ | $+\, 0{,}960\,758\, I_9$ | $+\, 1{,}215\,664\, I_{10}$ | $+\, 6{,}339\,344\, I_{11}$ | $+\, 7{,}580\,936\, I_{12}$ | $+10{,}409\,935\, I_{13} \geq$ | 60 528,66 |
| $0{,}002\,205\, I_2$ | $+\, 1{,}003\,437\, I_3$ | $+\, 0{,}000\,050\, I_6$ | $+\, 0{,}015\,297\, I_7$ | $+\, 0{,}299\,965\, I_8$ | $+\, 0{,}021\,801\, I_9$ | $+\, 0{,}025\,120\, I_{10}$ | $+\, 0{,}214\,779\, I_{11}$ | $+\, 0{,}267\,109\, I_{12}$ | $+\, 0{,}526\,566\, I_{13} \geq$ | 792,23 |
| $0{,}002\,052\, I_2$ | $+\, 0{,}003\,212\, I_3$ | $+\, 0{,}000\,027\, I_6$ | $+\, 0{,}031\,868\, I_7$ | $+\, 0{,}157\,757\, I_8$ | $+\, 0{,}028\,950\, I_9$ | $+\, 0{,}042\,717\, I_{10}$ | $+\, 1{,}019\,997\, I_{11}$ | $+\, 1{,}219\,486\, I_{12}$ | $+\, 1{,}506\,153\, I_{13} \geq$ | - 7 828,09 |
| 0 | + 0 | + 0 | + 0 | $+\, 2{,}842\,240\, I_8$ | $+\, 0{,}408\,863\, I_9$ | $+\, 0{,}572\,670\, I_{10}$ | $+\, 1{,}877\,857\, I_{11}$ | $+\, 2{,}170\,017\, I_{12}$ | $+\, 2{,}365\,578\, I_{13} \geq$ | 4 555,4 |
| 0 | + 0 | $+\, 1{,}000\,000\, I_6$ | + 0 | + 0 | + 0 | + 0 | $+\, 0{,}505\,745\, I_{11}$ | $+\, 0{,}584\,427\, I_{12}$ | $+\, 0{,}637\,123\, I_{13} \geq$ | 2 242,03 |
| 0 | + 0 | + 0 | $+\, 1{,}000\,000\, I_7$ | $+\, 0{,}517\,632\, I_8$ | $+\, 0{,}060\,890\, I_9$ | + 0 | $+\, 0{,}326\,447\, I_{11}$ | $+\, 0{,}377\,235\, I_{12}$ | $+\, 0{,}411\,247\, I_{13} \geq$ | 1 386,26 |
| 0 | + 0 | + 0 | + 0 | $+\, 1{,}000\,000\, I_8$ | + 0 | + 0 | $+\, 0{,}630\,260\, I_{11}$ | $+\, 0{,}728\,321\, I_{12}$ | $+\, 0{,}793\,980\, I_{13} \geq$ | 1 548,12 |
| 0 | + 0 | + 0 | + 0 | + 0 | $+\, 1{,}000\,000\, I_9$ | + 0 | $+\, 0{,}003\,334\, I_{11}$ | $+\, 0{,}003\,864\, I_{12}$ | $+\, 0{,}004\,208\, I_{13} \geq$ | 12,6 |
| 0 | + 0 | + 0 | + 0 | + 0 | + 0 | $+\, 1{,}000\,000\, I_{10}$ | $+\, 0{,}148\,628\, I_{11}$ | $+\, 0{,}171\,761\, I_{12}$ | $+\, 0{,}187\,237\, I_{13} \geq$ | 63,3 |
| 0 | + 0 | + 0 | + 0 | + 0 | + 0 | + 0 | $+\, 1{,}000\,000\, I_{11}$ | $+\, 1{,}155\,525\, I_{12}$ | $+\, 1{,}259\,670\, I_{13} \geq$ | 3 997,07 |
| 0 | + 0 | + 0 | + 0 | + 0 | + 0 | + 0 | + 0 | $+\, 1{,}000\,000\, I_{12}$ | $+\, 1{,}090\,065\, I_{13} \geq$ | 3 324,44 |
| 0 | + 0 | + 0 | + 0 | + 0 | + 0 | + 0 | + 0 | + 0 | $+\, 1{,}000\,000\, I_{13} \geq$ | 521,32 |

b) Zielfunktion

$$\Phi = 1\,229{,}7\, I_2 + 26\,800\, I_3 + 6\,693{,}9\, I_6 + 68\,655{,}7 I_7 + 217\,750\, I_8 + 32\,070{,}0\, I_9 + 69\,060{,}0\, I_{10} + 298\,300{,}0\, I_{11} + 340\,200{,}0\, I_{12} + 391\,000{,}0\, I_{13}$$

**Tabelle 12** **Optimale Werte von *i* und *g***

| i | Halbprodukt | Einheit | zusätzliche Lieferung $I_i$ | Gesamtproduktion $G_i$ |
|---|---|---|---|---|
| 1 | Dampf | $10^2$ GJ | – | 46 840,48 |
| 2 | elektrische Energie | $10^1$ GJ | 30 899,51 | 45 000,00 |
| 3 | Industriewasser | $10^4$ Mg | 0,0 | 3 876,18 |
| 4 | Preßluft | $10^4$ $m^3$ | – | 17 195,44 |
| 5 | Hochofenwind | $10^5$ $m^3$ | – | 7 491,11 |
| 6 | Sinterdolomit | $10^1$ Mg | 220,43 | 4 200,00 |
| 7 | Erzsinter | $10^2$ Mg | 81,36 | 2 940,00 |
| 8 | SM-Roheisen | $10^2$ Mg | 0,0 | 5 768,78 |
| 9 | Weißes Roheisen | $10^1$ Mg | 0,0 | 579,2 |
| 10 | Ferromangan | $10^1$ Mg | 0,0 | 6 969,1 |
| 11 | Stahl | $10^2$ Mg | 0,0 | 8 740,00 |
| 12 | Produkt der Blockstraße | $10^2$ Mg | 2 890,79 | 6 965,38 |
| 13 | Produkt der Mittelstraße | $10^2$ Mg | 521,32 | 1 800,00 |

Tabelle 13

## Matrix B der Koeffizienten des Rohstoffverbrauchs

| i \ j | 1 | 2 | 3 | 4 | 5 | 6 | 7 | 8 | 9 | 10 | 11 | 12 |
|---|---|---|---|---|---|---|---|---|---|---|---|---|
| 1 | 0,575 472 | 0,000 000 | 0,000 000 | 0,000 000 | 0,000 000 | 0,000 000 | 0,000 000 | 0,194 156 | 0,000 000 | 0,000 000 | 4,095 237 | 0,000 000 |
| 2 | 0 | 0 | 0 | 0 | 0 | 0,046 854 | 0,160 972 | 2,999 843 | 0,490 078 | 0,576 224 | 0 | 0 |
| 3 | 0 | 0 | 0 | 0 | 0 | 0 | 0 | 0,106 700 | 0,015 907 | 0,013 291 | 0,140 619 | 1,071 292 |
| 4 | 0 | 0 | 0 | 0 | 0 | 0 | 0 | 0,032 890 | 0 | 0 | 1,986 288 | 0 |
| 5 | 0,200 826 | 0,003 207 | 0 | 0 | 0 | 0 | 0 | 0 | 0 | 0 | 0,041 766 | 0 |
| 6 | 0 | 0 | 0 | 0 | 0 | 1,626 160 | 0 | 0,961 147 | 0,107 108 | 0,213 390 | 0,048 079 | 0 |
| 7 | 0 | 0 | 0 | 0 | 0 | 0 | 0,147 682 | 0,670 215 | 0,104 309 | 0,046 694 | 0,034 149 | 0 |
| 8 | 0 | 0 | 0 | 0 | 0 | 0 | 0,756 191 | 1,591 707 | 0,093 863 | 0 | 0 | 0 |
| 9 | 0 | 0 | 0 | 0 | 0 | 0 | 0 | 0 | 0,086 219 | 0,225 061 | 0 | 0 |
| 10 | 0 | 0 | 0 | 0 | 0 | 0 | 0 | 0 | 0 | 0 | 1,350 950 | 0 |
| 11 | 0 | 0 | 0 | 0 | 0 | 0 | 0 | 0 | 0 | 0 | 0,253 649 | 0 |
| 12 | 0 | 0 | 0 | 0 | 0 | 0 | 0 | 0 | 0 | 0 | 0,196 894 | 0 |
| 13 | 0 | 0 | 0 | 0 | 0 | 0 | 0 | 0 | 0 | 0 | 0 | 0 |
| 14 | 0 | 0 | 0 | 0 | 0 | 0 | 0 | 0 | 0 | 0 | 0 | 0 |

| i \ j | 13 | 14 | 15 | 16 | 17 | 18 | 19 | 20 | 21 | 22 | 23 |
|---|---|---|---|---|---|---|---|---|---|---|---|
| 1 | 0,000 000 | 0,000 000 | 0,000 000 | 0,000 000 | 0,000 000 | 0,000 000 | 0,000 000 | 0,000 000 | 0,000 000 | 0,000 000 | 0,000 000 |
| 2 | 0 | 0 | 0 | 0 | 0 | 0 | 0 | 0 | 0,001 240 | 0,013 460 | 0 |
| 3 | 1.176 384 | 0,075 060 | 0 | 0,529 718 | 2,812 182 | 0,087 627 | 0 | 0,100 686 | 0,007 006 | 0,202 650 | 0 |
| 4 | 0.037 302 | 0 | 0 | 0,004 412 | 0,020 053 | 0 | 0 | 0 | 0 | 0 | 0 |
| 5 | 0 | 0 | 0 | 0 | 0,330 859 | 0 | 0 | 0 | 0 | 0 | 0 |
| 6 | 0 | 0 | 0 | 0 | 0 | 0 | 0 | 0 | 0 | 0 | 0 |
| 7 | 0 | 0 | 0 | 0 | 0 | 0 | 0 | 0 | 0 | 0 | 0 |
| 8 | 0 | 0 | 0 | 0 | 0 | 0 | 0 | 0 | 0 | 0 | 0 |
| 9 | 0 | 0 | 0 | 0 | 0 | 0 | 0 | 0 | 0 | 0 | 0 |
| 10 | 0 | 0 | 0 | 0 | 0 | 0 | 0 | 0 | 0 | 0 | 0 |
| 11 | 0 | 0 | 0 | 0 | 0 | 0 | 0 | 0 | 0 | 0 | 0 |
| 12 | 0 | 0 | 0 | 0 | 0 | 0 | 0 | 0 | 0 | 0 | 0 |
| 13 | 0 | 0 | 0 | 0 | 0 | 0 | 1,045 117 | 0 | 0 | 0 | 0 |
| 14 | 0 | 0 | 0 | 0 | 0 | 0 | 0 | 0 | 0,273 818 | 0 | 0 |

Tabelle 14 **Lieferungsplan der Rohstoffe**

| l | Rohstoff | Einheit | Bedarf $W_l$ | Verbrauch unabhängig vom Produktionsniveau $Y_l$ |
|---|---|---|---|---|
| 1 | Steinkohle | $10^2$ GJ | 76 599,28 | 5 741,68 |
| 2 | Koks | $10^3$ GJ | 22 379,116 | 99,358 |
| 3 | Koksofengas | $10^2$ GJ | 20 873,10 | 638,24 |
| 4 | Heizöl | $10^2$ GJ | 17 714,56 | 44,05 |
| 5 | Trinkwasser | $10^2$ Mg | 16 914 | 6 306 |
| 6 | Dolomit | $10^1$ Mg | 14 343,9 | – |
| 7 | Kalkstein | $10^2$ Mg | 4 984,80 | – |
| 8 | Eisenerz | $10^2$ Mg | 11 459,78 | – |
| 9 | Manganerz | $10^2$ Mg | 1 618,47 | – |
| 10 | Stahlwerkerz | $10^1$ Mg | 11 807,3 | – |
| 11 | Sinterkalk | $10^1$ Mg | 2 217 | – |
| 12 | Stahlwerkzusätze | $10^1$ Mg | 1 720,9 | – |
| 13 | Blechbunde | Mg | 7 703 | – |
| 14 | Konstruktionswerkstoffe | $10^1$ Mg | 435,4 | – |

**Tabelle 15** **Matrix C der Erzeugungskoeffizienten von Nebenprodukten**

| m \ j | 1 | 2 | 3 | 4 | 5 | 6 | 7 | 8 | 9 | 10 | 11 | 12 |
|---|---|---|---|---|---|---|---|---|---|---|---|---|
| 1 | 0,000 000 | 0,000 000 | 0,000 000 | 0,000 000 | 0,000 000 | 0,000 000 | 0,000 000 | 1,778 675 | 0,298 010 | 0,369 356 | 0,000 000 | 0,000 000 |
| 2 | 0 | 0 | 0 | 0 | 0 | 0 | 0 | 0,927 963 | 0,041 626 | 0,030 852 | 0 | 0 |
| 3 | 0 | 0 | 0 | 0 | 0 | 0 | 2,872 330 | 0 | 0 | 0 | 0 | 0 |
| 4 | 0 | 0 | 0 | 0 | 0 | 0 | 0 | 1,209 970 | 0,118 208 | 0 | 0 | 0 |
| 5 | 0 | 0 | 0 | 0 | 0 | 0 | 0 | 0 | 0 | 0,941 234 | 0 | 0 |
| 6 | 0 | 0 | 0 | 0 | 0 | 0 | 0 | 0 | 0 | 0 | 0 | 0,099 558 |
| 7 | 0 | 0 | 0 | 0 | 0 | 0 | 0 | 0,009 215 | 0 | 0 | 0,240 111 | 0 |
| 8 | 0 | 0 | 0 | 0 | 0 | 0 | 0 | 0 | 0 | 0 | 0 | 0,145 905 |
| 9 | 0 | 0 | 0 | 0 | 0 | 0 | 0 | 1,678 892 | 0 | 0,038 386 | 0 | 0 |
| 10 | 0 | 0 | 0 | 0 | 0 | 0 | 0 | 0,014 183 | 0 | 0,032 547 | 0 | 0 |
| 11 | 0 | 0 | 0 | 0 | 0 | 0 | 0 | 0 | 0 | 0 | 0,072 434 | 0,141 329 |
| 12 | 0 | 0 | 0 | 0 | 0 | 0 | 0 | 0 | 0 | 0 | 0 | 0 |

| m \ j | 13 | 14 | 15 | 16 | 17 | 18 | 19 | 20 | 21 | 22 | 23 |
|---|---|---|---|---|---|---|---|---|---|---|---|
| 1 | 0,000 000 | 0,000 000 | 0,000 000 | 0,000 000 | 0,000 000 | 0,000 000 | 0,000 000 | 0,000 000 | 0,000 000 | 0,000 000 | 0,000 000 |
| 2 | 0 | 0 | 0 | 0 | 0 | 0 | 0 | 0 | 0 | 0 | 0 |
| 3 | 0 | 0 | 0 | 0 | 0 | 0 | 0 | 0 | 0 | 0 | 0 |
| 4 | 0 | 0 | 0 | 0 | 0 | 0 | 0 | 0 | 0 | 0 | 0 |
| 5 | 0 | 0 | 0 | 0 | 0 | 0 | 0 | 0 | 0 | 0 | 0 |
| 6 | 0,192 097 | 0 | 0 | 0,012 304 | 0,086 574 | 0 | 0 | 0 | 0 | 0 | 0 |
| 7 | 0 | 0 | 0 | 0 | 0 | 0 | 0 | 0 | 0 | 0 | 0 |
| 8 | 0,307 903 | 0 | 0,001 178 | 0,146 900 | 0,183 617 | 0,005 951 | 0 | 0,000 824 | 0,005 293 | 0 | 0 |
| 9 | 0 | 0 | 0 | 0 | 0 | 0 | 0 | 0 | 0 | 0 | 0 |
| 10 | 0,001 098 | 0 | 0 | 0,022 896 | 0 | 0 | 0 | 0 | 0 | 0 | 0 |
| 11 | 0,059 864 | 0,002 425 | 0,008 288 | 0,140 844 | 0,236 004 | 0,018 165 | 0,000 444 | 0,000 691 | 0,003 987 | 0 | 0 |
| 12 | 0 | 0 | 0 | 0 | 0 | 0 | 0 | 0 | 0 | 0,090 278 | 0 |

**Tabelle 16** Matrix D der Verbrauchskoeffizienten von Nebenprodukten

| m \ j | 1 | 2 | 3 | 4 | 5 | 6 | 7 | 8 | 9 | 10 | 11 | 12 |
|---|---|---|---|---|---|---|---|---|---|---|---|---|
| 1 | 0,069 181 | 0,033 979 | 0,000 000 | 0,000 000 | 0,159 569 | 0,000 000 | 0,026 157 | 0,001 672 | 0,000 000 | 0,000 000 | 0,001 684 | 0,032 005 |
| 2 | 0 | 0 | 0 | 0 | 0 | 0 | 1,882 471 | 0 | 0 | 0 | 0 | 0 |
| 3 | 0 | 0 | 0 | 0 | 0 | 0 | 2,872 330 | 0 | 0 | 0 | 0 | 0 |
| 4 | 0 | 0 | 0 | 0 | 0 | 0 | 0 | 0 | 0 | 0 | 0 | 0 |
| 5 | 0 | 0 | 0 | 0 | 0 | 0 | 0 | 0,253 333 | 0 | 0 | 0 | 0 |
| 6 | 0 | 0 | 0 | 0 | 0 | 0 | 0 | 0,241 633 | 0 | 0 | 0 | 0 |
| 7 | 0 | 0 | 0 | 0 | 0 | 0 | 0 | 0,099 118 | 0 | 0 | 0 | 0 |
| 8 | 0 | 0 | 0 | 0 | 0 | 0 | 0,944 603 | 0 | 0 | 0 | 0 | 0 |
| 9 | 0 | 0 | 0 | 0 | 0 | 0 | 0 | 0 | 0 | 0 | 0,730 586 | 0 |
| 10 | 0 | 0 | 0 | 0 | 0 | 0 | 0 | 0,510 993 | 0,064 508 | 0,346 047 | 0 | 0 |
| 11 | 0 | 0 | 0 | 0 | 0 | 0 | 0 | 0 | 0 | 0 | 0,431 128 | 0 |
| 12 | 0 | 0 | 0 | 0 | 0 | 0 | 0 | 0 | 0 | 0 | 0 | 0 |

| m \ j | 13 | 14 | 15 | 16 | 17 | 18 | 19 | 20 | 21 | 22 | 23 |
|---|---|---|---|---|---|---|---|---|---|---|---|
| 1 | 0,035 101 | 0,002 271 | 0,000 000 | 0,016 239 | 0,085 344 | 0,139 416 | 0,000 000 | 0,002 965 | 0,000 000 | 0,000 000 | 0,000 000 |
| 2 | 0 | 0 | 0 | 0 | 0 | 0 | 0 | 0 | 0 | 0 | 0 |
| 3 | 0 | 0 | 0 | 0 | 0 | 0 | 0 | 0 | 0 | 0 | 0 |
| 4 | 0 | 0 | 0 | 0 | 0 | 0 | 0 | 0 | 0 | 0 | 0,907 330 |
| 5 | 0 | 0 | 0 | 0 | 0 | 0 | 0 | 0 | 0 | 0 | 0,926 704 |
| 6 | 0 | 0 | 0 | 0 | 0 | 0 | 0 | 0 | 0 | 0 | 0 |
| 7 | 0 | 0 | 0 | 0 | 0 | 0 | 0 | 0 | 0 | 0 | 0 |
| 8 | 0 | 0 | 0 | 0 | 0 | 0 | 0 | 0 | 0 | 0 | 0 |
| 9 | 0 | 0 | 0 | 0 | 0 | 0 | 0 | 0 | 0 | 0 | 0 |
| 10 | 0 | 0 | 0 | 0 | 0 | 0 | 0 | 0 | 0 | 0 | 0 |
| 11 | 0 | 0 | 0 | 0 | 0 | 0 | 0 | 0 | 0 | 0 | 0 |
| 12 | 0 | 0 | 0 | 0 | 0 | 0 | 0 | 0 | 0 | 1,118 056 | 0 |

**Tabelle 17** **Plan der Erzeugung und des Verbrauchs von Nebenprodukten**

| m | Nebenprodukt | Einheit | Gesamtproduktion $U_m$ | Differenz $L_m - H_m$ | zusätzliche Lieferung $H_m$ | End-produktion $L_m$ | Verbrauch unabhängig vom Produktionsniveau $V_m$ |
|---|---|---|---|---|---|---|---|
| 1 | Hochofengas | $10^3$ GJ | 13 007,471 | + 1 300,000 | 0 | 1 300,000 | 21,826 |
| 2 | Hochofenstaub | $10^1$ Mg | 5 592,3 | + 57,8 | 0 | 57,8 | – |
| 3 | Sinterstaub | Mg | 8 445 | 0 | 0 | 0 | – |
| 4 | Hochofenschlacke | $10^2$ Mg | 7 048,52 | + 1 577,32 | 0 | 1 577,32 | – |
| 5 | Manganschlacke | $10^1$ Mg | 6 559,6 | - 489,8 | 489,8 | 0 | – |
| 6 | Wärmeofenschlacke | Mg | 1 252 | - 142 | 142 | 0 | – |
| 7 | SM-Schlacke | $10^2$ Mg | 2 151,73 | + 1 579,94 | 0 | 1 579,94 | – |
| 8 | Walzzunder | $10^1$ Mg | 2 400,3 | - 376,8 | 376,8 | 0 | – |
| 9 | Roheisengrimmsel | Mg | 9 953 | + 3 568 | 0 | 3 568 | – |
| 10 | Hochofenschrott | $10^1$ Mg | 370,6 | - 5 026,2 | 5 026,2 | 0 | – |
| 11 | SM-Schrott | $10^2$ Mg | 2 772,48 | - 995,58 | 1 159,53 | 163,95 | – |
| 12 | Nichteisenschrott | Mg | 18 | - 206 | 206 | 0 | – |

**SCHRIFTTUM**

[1] AGANBEGIAN A.: Grundlagen der Verflechtungsbilanzen (russ.), Moskwa, 1962

[2] LEONTIEFF W.W.: The Structure of American Economy 1919 – 1939, New York, 1951

[3] NIEMCZYNOW W.: Wirtschaftlich-mathematische Methoden und Modelle (poln.), Warszawa, 1964

[4] PIEPLOW R.: Das mathematische Modell der Teilverflechtungsbilanzen in der Schwarzmetallurgie, Wirtschaft-Wissenschaft, T. 12, 1964, Nr. 9, S. 1493 – 1501

[5] ZIEBIK A.: Das mathematische Modell der Stoff- und Energiebilanz einer Eisenhütte (poln.), Doktordissertation Technische Hochschule Gliwice, 1969

## V

# EINFLUSS DER WINDVORWÄRMUNG AUF DIE ENERGETISCHEN KENNZAHLEN DES HOCHOFENPROZESSES

**Prof. Dr.-Ing. Jan SZARGUT, Dr.-Ing. Andrzej ZIEBIK**
**Gliwice (Polen)**

Die chemische Energie des im Hochofenprozeß verbrauchten Kokses bildet den Hauptposten in der Energiebilanz einer Hütte. Deshalb strebt man beständig die Einsparung von Koks an. Die einfachste Methode zur Verminderung des Koksverbrauchs besteht in der Vorwärmung des Hochofenwindes.

Der Einfluß der Windvorwärmung auf den Koksverbrauch im Hochofen war Gegenstand zahlreicher wissenschaftlicher Erwägungen [1,4,5,8,16]. Die Windvorwärmung beeinflußt aber auch viele andere energetische Kennzahlen. Dieser Einfluß ist aber bisher nur wenig untersucht worden. Im folgenden wird die Einwirkung der Windtemperatur auf alle wichtigen energetischen Größen und zwar auf den Koksverbrauch, den Windverbrauch, die Hochofengasmenge, auf den Heizwert des Hochofengases und auf die resultierende Menge des Hochofengases, die an äußere Abnehmer abgegeben werden kann, untersucht, wobei diese Größen durch geeignete Kennzahlen repräsentiert werden.

Der Einfluß der Windvorwärmung auf den Koksverbrauch wurde bisher entweder anhand theoretischer Überlegungen, denen ein vereinfachtes Modell der wirklichen Vorgänge zugrundeliegt, analysiert oder anhand unmittelbarer Messungen des Koksverbrauchs untersucht, wobei man allgemeingültige durchschnittliche Kennzahlen zu ermitteln versuchte. Die Ergebnisse, zu denen die einzelnen Forscher gelangt sind, sind recht verschieden, da sich eine rein theoretische Analyse auf zahlreiche Voraussetzungen stützen muß und bei empirischen Untersuchungen können recht verschiedene Faktoren als Einflußgrößen für den Koksverbrauch angesehen werden. Von den Verfassern wurde eine Methode entwickelt, die in gewissem Sinn eine Synthese beider Vorgangsweisen darstellt und die nun erläutert werden wird.

Bei den weiteren Erwägungen werden die einfachsten Sätze der Physik in Anwendung gebracht, und zwar die Stoffbilanzen der Elemente C, H, O, N und die Wärmebilanz [11,12]. Dank der Auswertung von Bilanzgleichungen ist es möglich, die energetischen Kennzahlen eines gegebenen Hochofenprozesses aufgrund verhältnismäßig einfacher einmaliger Wärmemessungen im voraus zu bestimmen. Man berechnet also jene Kennzahlen, die die individuellen Bedingungen des untersuchten Prozesses berücksichtigen. Die Methode der Stoff- und Energiebilanz schließt demnach die Anwendung empirischer Daten nicht völlig aus. Es genügt jedoch, empirische Hilfsgleichungen anzuwenden, die den Einfluß der Windtemperatur auf die Zusammensetzung und Temperatur des Hochofengases zum Ausdruck bringen [11,14].

Die dargestellte Methode kann man auf die Erfassung des Einflusses der Ersatzbrennstoffe (z.B. Heizöl) im Hochofen erweitern.

In den folgenden Formeln haben die Indizes die nachstehende Bedeutung:

d – trockener Wind,
g – trockenes Hochofengas,
xd – Windfeuchte,
xg – Gasfeuchte,
k – Koks,
n – Stickstoff im Hochofengas,
u – Wasserstoff im Hochofengas,
y – CO im Hochofengas,
z – $CO_2$ im Hochofengas.

## 1. Erhöhung der Windtemperatur um einen endlichen Wert

Man nimmt an, daß die energetischen Kennzahlen des untersuchten Prozesses für eine gegebene Windtemperatur bekannt sind. Die Aufgabe besteht in der Berechnung der Kennzahlen für eine neue vorausgesetzte Windtemperatur.

Man geht von der Voraussetzung aus, daß die Zusammensetzung der nichtenergetischen Rohstoffe und Produkte konstant ist. Dann hebt sich die Kohlenstoffmenge, die in nichtenergetischen Rohstoffen, im Roheisen und im Hochofenstaub enthalten ist, fort, wenn man zwei Bilanzgleichungen für verschiedene Windtemperaturen voneinander subtrahiert. Die Differenz in den *Kohlenstoffbilanzen* je Roheiseneinheit kann demnach folgendermaßen angeschrieben werden:

$$K a - G(y + z) = K_1 a - G_1(y_1 + z_1) \quad , \tag{1}$$

dabei sind:

$$a = 22,42\left(\frac{c}{12} + \frac{s}{32}\right) \quad , \tag{2}$$

c, s – Grammanteil von C und S im Koks,
K – Koksverbrauch je Roheiseneinheit,
G – Menge des trockenen Hochofengases je Roheiseneinheit,
y, z – Molanteil von CO und $CO_2$ im trockenen Gas.

Die Größen ohne Index beziehen sich auf die (variable) Windtemperatur $t_d$, jene mit dem Index 1 auf einen bestimmten Wert $t_{d_1}$ der Windtemperatur.

Führt man eine *empirische Hilfsfunktion* $\varphi$

$$\varphi = \frac{CO}{CO_2} = \frac{y}{z} \quad , \tag{3}$$

ein und eine abgekürzte Bezeichnung durch

$$\Theta = K_1 a - G_1 (y_1 + z_1) \quad , \tag{4}$$

so nimmt die Gleichung (1) folgende Gestalt an:

$$Ka - Gz(1 + \varphi) = \Theta \quad . \tag{5}$$

Die *Wasserstoffbilanz* kann in ähnlicher Weise dargestellt werden

$$K(b + e) + DX_d - G(u + X_g) = \Lambda \quad , \tag{6}$$

dabei sind:

$$b = \frac{22{,}42}{2} h \quad , \tag{7}$$

$$e = \frac{22{,}42}{18} w \quad , \tag{8}$$

$$\Lambda = K_1 (b + e) + D_1 X_{d_1} - G_1 (u_1 + X_{g_1}) \quad , \tag{9}$$

D – Windverbrauch je Roheiseneinheit, $m_n^3/t$,

$X_d$, $X_g$ – Feuchtegehalt im Wind und im Gas, $m_n^3$ $H_2O/m_n^3$ trockenen Gases,

h, w – Grammanteil von $H_2$ und $H_2O$ im Koks.

Die Größen ohne Index und mit Index 1 beziehen sich wie vorhin auf die Windtemperatur $t_d$ bzw. $t_{d_1}$.

Führt man eine weitere empirische Hilfsfunktion $\psi$

$$\psi = \frac{G u}{Kb + DX_d} \tag{10}$$

ein, die das Verhältnis des freien Wasserstoffs im Gas zur gesamten Wasserstoffmenge ausdrückt, die in die Reaktionszone eintritt, so nimmt Gleichung (6) folgende Form an:

$$K[(1 - \psi)b + e] + DX_d(1 - \psi) - GX_g = \Lambda \quad . \tag{11}$$

Die *Sauerstoffbilanz* nach dem Subtrahieren der Wasserstoffbilanz (die mit 1/2 multipliziert worden ist) kann folgendermaßen dargestellt werden:

$$K[(\psi - 1)b - \frac{\varphi + 2}{\varphi + 1} a] + D(0{,}42 + \psi X_d) = \chi - \Theta \frac{\varphi + 2}{\varphi + 1} \quad , \tag{12}$$

wobei

$$\chi = 0{,}42\, D_1 - K_1 b - G_1 (y_1 + 2z_1 - u_1) \tag{13}$$

bedeutet.

Die *Stickstoffbilanz* führt zur Gleichung

$$0{,}79\ D = G(1 - u - y - z) \quad . \tag{14}$$

Unter Verwendung der Gleichungen (5) und (10) erhält man hieraus:

$$K(a + \psi b) + D(0{,}79 + \psi X_d) - G = \Theta \quad . \tag{15}$$

Bei der Erstellung der *Wärmebilanz* hat man die chemische Energie bei der Berechnung der Enthalpie zu berücksichtigen. Z.B. drückt der Heizwert des Hochofengases dessen chemische Enthalpie aus. Man nimmt bei der Erstellung der Wärmebilanz an, daß nicht nur die Zusammensetzung, sondern auch die Temperatur des Roheisens und der Schlacke sowie auch die an die Umgebung abfließende Wärme nach einer Änderung der Windtemperatur unverändert bleiben. Deshalb erhält man nach dem Subtrahieren der Bilanzgleichungen für die gegebene ($t_{d_1}$) und die geänderte ($t_d$) Windtemperatur:

$$KH_k + D(i_d + X_d i_{xd}) - G(H_g + i_g + X_g i_{xg}) = \Omega \quad , \tag{16}$$

dabei sind:

$$\Omega = K_1 H_k + D_1(i_{d_1} + X_{d_1} i_{xd_1}) - G_1(H_{g_1} + i_{g_1} + X_{g_1} i_{xg_1}) \quad , \tag{17}$$

$H_k$, $H_g$ – Heizwerte des Kokses und des Hochofengases,

$i_g$, $i_d$ – spezifische physikalische Enthalpien des Hochofengases und des Windes,

und die Bedeutung der indexfreien und mit dem Index 1 versehenen Größen die gleichen wie vorhin. Die Größen $H_g$, $i_g$ müssen unter Berücksichtigung der Gaszusammensetzung ausgedrückt werden, und zwar erhält man:

$$K\alpha + D\beta = \Omega - \delta \quad , \tag{18}$$

dabei sind:

$$\alpha = H_k - \frac{a}{\varphi + 1}[\varphi(H_y + i_y) + i_z] + \psi b(H_u + i_u) - [(1 - \psi)b + e]i_{xg} \quad , \tag{19}$$

$$\beta = i_d + X_d i_{xd} - \psi X_d(H_u + i_u) - 0{,}79\ i_n - (1 - \psi)X_d i_{xg} \quad , \tag{20}$$

$$\delta = \frac{\Theta}{\varphi + 1}[\varphi(H_y + i_y) + i_z] + \Lambda i_{xg} \quad . \tag{21}$$

Das Gleichungssystem (5), (11), (12), (15), (18) enthält 5 Unbekannte und zwar K, D, G, $X_g$, z. Nach der Auflösung dieses Gleichungssystems erhält man für diese Unbekannten folgende Ausdrücke:

$$K = \frac{(\chi - \Theta \frac{\varphi + 2}{\varphi + 1})\beta - (0{,}42 + \psi X_d)(\Omega - \delta)}{[(\psi - 1)b - \frac{\varphi + 2}{\varphi + 1} a]\beta - (0{,}42 + \psi X_d)\alpha} \quad , \tag{22}$$

$$D = \frac{[(\psi - 1)b - \frac{\varphi + 2}{\varphi + 1} a](\Omega - \delta) - (\chi - \Theta \frac{\varphi + 2}{\varphi + 1})}{[(\psi - 1)b - \frac{\varphi + 2}{\varphi + 1} a]\beta - (0{,}42 + \psi X_d)\alpha} \quad , \tag{23}$$

$$G = K(\psi b + a) + D(0{,}79 + \psi X_d) - \Theta \quad , \tag{24}$$

$$z = \frac{Ka - \Theta}{G(\varphi + 1)} \quad , \tag{25}$$

$$X_g = \frac{1}{G} \{K[(1 - \psi)b + e] + (1 - \psi)DX_d - \Lambda\} \quad . \tag{26}$$

Diese energetischen Kennzahlen können also für eine neue erhöhte Windtemperatur $t_d$ errechnet werden, wenn man vorher die empirischen Hilfsgleichungen ermittelt hat. D.h. man muß folgende Hilfsgleichungen kennen:

$$\varphi(t_d) \quad , \qquad \psi(t_d) \quad , \qquad t_g(t_d) \quad , \qquad X_d(t_d) \quad .$$

## 2. Differentielle Kennzahlen (unendlich kleine Windtemperaturerhöhung)

Der *differentielle Ersparniskoeffizient* (oder - *Verminderungskoeffizient*) drückt das Verhältnis zwischen der Verminderung der untersuchten Kennzahl je Einheit der Temperaturerhöhung und dem lokalen Wert der Kennzahl aus:

$$\omega = - \frac{1}{Y} \frac{dY}{dt_d} \quad , \tag{27}$$

wenn Y die betreffende Kennzahl bedeutet.

Aus der *Kohlenstoffbilanz* erhält man für eine unendlich kleine Windtemperaturerhöhung:

$$a\, dK = d[G(y + z)] \quad . \tag{28}$$

Gleichung (28) wird mit Hilfe der Gleichungen (3) und (27) wie folgt umgeformt:

$$a\, K\, \omega_k = G\, z[(\varphi + 1)(\omega_g + \omega_z) - \frac{d\varphi}{dt_d}] \quad , \tag{29}$$

dabei sind:

$\omega_k$ – Ersparniskoeffizient des Kokses,

$\omega_g$, $\omega_z$ – Verminderungskoeffizienten der Gasmenge und des $CO_2$-Anteils.

Aus der *Wasserstoffbilanz* ergibt sich für eine differentielle Änderung:

$$(b + e)dK + d(DX_d) = d[G(u + X_g)] \quad , \tag{30}$$

oder unter Verwendung der Gleichungen (3), (10) und (27)

$$K[(1-\psi)b+e]\omega_k + DX_d(1-\psi)\omega_d - D(1-\psi)\frac{dX_d}{dt_d} + (Kb+DX_d)\frac{d\psi}{dt_d} =$$

$$= GX_g(\omega_g + \omega_x) \quad , \qquad (31)$$

dabei sind:

$\omega_d$ – Ersparniskoeffizient des Windes,

$\omega_x$ – Verminderungskoeffizient der Gasfeuchte.

Von der *Sauerstoffbilanz* subtrahiert man zwecks Vereinfachung die Wasserstoffbilanz (die mit 1/2 multipliziert worden ist). So erhält man für eine differentielle Änderung:

$$0{,}21\ dD - 0{,}5\ b\ dK = d[G(0{,}5\ y + z - 0{,}5\ u)] \quad , \qquad (32)$$

oder mit (3), (10) und (27)

$$D(0{,}42 + \psi X_d)\omega_d - K[(1-\psi)b + a]\omega_k - \psi D\frac{dX_d}{dt_d} - (Kb + DX_d)\frac{d\psi}{dt_d} =$$

$$= G\,z(\omega_g + \omega_z) \quad . \qquad (33)$$

Die *Stickstoffbilanz* führt für eine differentielle Änderung zur Gleichung

$$0{,}79\ dD = d[G(1 - u - y - z)] \quad , \qquad (34)$$

oder mit (3), (10) und (27) zu

$$K(a + \psi b)\omega_k + D(0{,}79 + \psi X_d)\omega_d - (Kb + DX_d)\frac{d\psi}{dt_d} - \psi D\frac{dX_d}{dt_d} = G\,\omega_g \quad . \qquad (35)$$

Aus der *Wärmebilanz* folgt für eine differentielle Änderung:

$$H_k\ dK + d[D(i_d + X_d i_{xd})] = d\,\{G[y\,H_y + u\,H_u + u\,i_u + y\,i_y + z\,i_z + X_g i_{xg} +$$

$$+ (1 - u - y - z)i_n]\} \quad , \qquad (36)$$

dabei sind:

$i_d, i_{xd}, i_z, i_u, i_y, i_n, i_{xg}$ die physikalischen spezifischen Enthalpien des Windes, der Windfeuchte und der Komponenten $H_2$, $CO_2$, $CO$, $N_2$, $H_2O$ des Hochofengases.

Nach Umformung erhält man

$$A\,\omega_k + B\,\omega_d = L \quad , \qquad (37)$$

dabei sind:

$$L = D(c_d + X_d c_{xd}) - G\,z(H_y + i_y)\frac{d\varphi}{dt_d} - E\frac{dX_d}{dt_d} - F\frac{d\psi}{dt_d} - J\frac{dt_g}{dt_d} \quad , \tag{38}$$

$$A = K\{H_k - [\varphi(H_y + i_y) + i_z][(\psi - 1)b - a] + (H_u + i_u - i_x)\psi b - (b + e)i_x\}, \tag{39}$$

$$B = D\{i_d + X_d(i_{xd} - i_{xg}) - (H_u + i_u - i_{xg})\psi X_d - [\varphi(H_y + i_y) + i_z](0{,}42 + \psi X_d) - - 0{,}79\, i_n\} \quad , \tag{40}$$

$$E = D\{[\varphi(H_y + i_y) + i_z + H_u + i_u - i_{xg}]\psi + i_{xg} - i_{xd}\} \quad , \tag{41}$$

$$F = [\varphi(H_y + i_y) + H_u + i_z + i_u - i_{xd}](Kb + DX_d) \quad , \tag{42}$$

$$J = G\,z(\varphi c_y + c_z) + \psi(Kb + DX_d)c_u + G(1 - u - y - z)c_n + GX_g c_{xg} \quad , \tag{43}$$

$c_d$, $c_{xd}$ – lokale spezifische Wärmen des trockenen Windes und der Windfeuchte,

$c_u$, $c_z$, $c_y$, $c_n$, $c_{xg}$ – lokale spezifische Wärmen der Gaskomponenten.

Das Gleichungssystem (29), (31), (33), (35), (37) enthält 5 Unbekannte: $\omega_k$, $\omega_d$, $\omega_g$, $\omega_z$, $\omega_x$. Nach dessen Auflösung erhält man für die Unbekannten die folgenden Ausdrücke:

$$\omega_k = \frac{LD(\varphi + 1)(0{,}42 + \psi X_d) + BM}{AD(\varphi + 1)(0{,}42 + \psi X_d) + BK\{a + (\varphi + 1)[(1 - \psi)b + a]\}} \quad , \tag{44}$$

$$\omega_d = \frac{LK\{a + (\varphi + 1)[(1 - \psi)b + a]\} - AM}{AD(\varphi + 1)(0{,}42 + \psi X_d) + BK\{a + (\varphi + 1)[(1 - \psi)b + a]\}} \quad , \tag{45}$$

$$\omega_g = \frac{1}{G}\,[K(a + \psi b)\omega_k + D(0{,}79 + \psi X_d)\omega_d - (Kb + DX_d)\frac{d\psi}{dt_d} - \psi D\frac{dX_d}{dt_d}]\,, \tag{46}$$

$$\omega_z = \frac{1}{Gz}\{D(0{,}42 + \psi X_d)\omega_d - K[(1 - \psi)b + a]\omega_k - \psi D\frac{dX_d}{dt_d} - (Kb + DX_d)\frac{d\psi}{dt_d} - \omega_g, \tag{47}$$

$$\omega_x = \frac{1}{GX_g}\{K[(1 - \psi)b + e]\omega_k + DX_d(1 - \psi)\omega_d + (Kb + DX_d)\frac{d\psi}{dt_d} - D(1 - \psi)\frac{dX_d}{dt_d}\} - - \omega_g \quad . \tag{48}$$

Dabei bedeutet:

$$M = - G\,z\frac{d\varphi}{dt_d} - (\varphi + 1)[\psi D\frac{dX_d}{dt_d} + (Kb + DX_d)\frac{d\psi}{dt_d}] \quad . \tag{49}$$

Mittels (13) und (10) kann man auch die übrigen Verminderungskoeffizienten berechnen und zwar ergibt sich:

$$\omega_y = \frac{z}{y}(\varphi\omega_z - \frac{d\varphi}{dt_d}) \quad , \tag{50}$$

$$\omega_u = \frac{1}{Gu}[Kb\psi\omega_k + D\psi X_d\omega_d - (Kb + DX_d)\frac{d\psi}{dt_d} - \psi D\frac{dX_d}{dt_d}] - \omega_g \quad . \tag{51}$$

Die so ermittelten Koeffizienten $\omega_x$, $\omega_y$, $\omega_u$, $\omega_z$ benutzt man als Hilfsgrößen zur Berechnung weiterer differentieller Kennzahlen.

Der *Verminderungskoeffizient des Heizwertes* des Gases beträgt

$$\omega_H = \frac{1}{H_g}(y\, H_y\, \omega_y + u\, H_u\, \omega_u) \quad . \tag{52}$$

Der *Verminderungskoeffizient der gesamten chemischen Energie des Gases* kann folgendermaßen ausgedrückt werden:

$$\omega_e = -\frac{1}{GH_g}\frac{d(GH_g)}{dt_d} = \omega_g + \omega_H \quad . \tag{53}$$

Der *Verminderungskoeffizient der Wärmebelastung* der Winderhitzer beträgt:

$$\omega_N = -\omega_d + \frac{c_d + X_d c_{xd} + \Delta i_{xd}\frac{dX_d}{dt_d}}{\Delta i_d + X_d \Delta i_{xd}} \quad . \tag{54}$$

Bei der Berechnung der chemischen Energie des an äußere Abnehmer abgegebenen Gases $E_z$ muß man die Gasverluste im Hochofen und den Gasverbrauch in den Winderhitzern berücksichtigen

$$E_z = (\zeta G - \Delta G)H_g = \zeta G H_g - \frac{1}{\eta_N} D(\Delta i_d + X_d \Delta i_{xd}) \quad , \tag{55}$$

$\zeta$ – Ausnutzungsgrad des Gases (1 – $\zeta$ drückt die relativen Gasverluste aus),

$\eta_N$ – thermischer Wirkungsgrad der Winderhitzer,

$\Delta G$ – zur Windvorwärmung verbrauchte Gasmenge je Roheiseneinheit.

Der *Verminderungskoeffizient der an äußere Abnehmer abgegebenen Gasmenge* beträgt

$$\omega_{ez} = \frac{\omega_e + \epsilon(\omega_\eta + \omega_N)}{1 - \epsilon} \quad , \tag{56}$$

dabei sind:

$$\epsilon = \frac{\Delta G}{\zeta G} \quad , \tag{57}$$

$$\omega_\eta = -\frac{1}{\eta_N}\frac{d\eta_N}{dt_d} \quad . \tag{58}$$

Der Koeffizient $\omega_\eta$ muß mit Hilfe eines mathematischen Modells der Winderhitzer ermittelt werden.

Die eingesparte chemische Energie des Kokses ist viel größer als die mit heißem Wind zugeführte Energie. Dies kann man dadurch erklären, daß nach der Erhöhung der Windtemperatur nicht nur die Hochofengasmenge vermindert, sondern auch die Gastemperatur herabgesetzt wird. Den *Multiplikator der Ersparnis der chemischen Energie des Kokses* kann man wie folgt berechnen

$$\mu_e = \frac{-\,d(KH_k)}{dD(i_d + X_d i_{xd})} = \frac{KH_k}{D} \frac{\omega_k}{c_d + X_d c_{xd} + i_{xd} \frac{dX_d}{dt_d} - \omega_d (i_d + X_d i_{xd})} \quad . \tag{59}$$

### 3. Empirische Hilfsgleichungen

Die Funktion $\varphi = CO/CO_2$ ist aufgrund der Meßserien von Zischhale [16] und Galatonov [5] ermittelt worden, wobei es sich gezeigt hat, daß sie in exponentieller Form dargestellt werden kann:

$$\varphi = 2{,}51 \exp(-\,0{,}00288\, t_d) + C_1 \quad . \tag{60}$$

Die Größe $C_1$ ist ein Parameter der Kurvenschar. Den Wert von $C_1$ ermittelt man durch einen einzigen Meßwert für eine bestimmte Temperatur $t_{d_1}$.

Nach den Angaben vieler Autoren [2,3,10,13] gibt es einen Zusammenhang zwischen den Funktionen $\varphi$ und $\psi$ (Abb. 1). Als Mittelwertlinie erhält man

$$\psi = 0{,}362 + 0{,}126\, \varphi \quad . \tag{61}$$

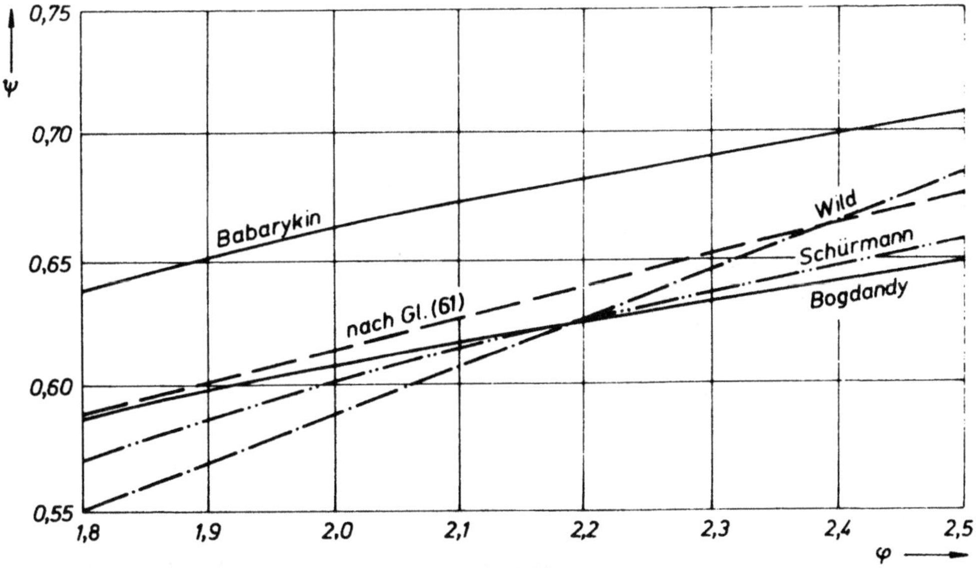


*Abb. 1*

*Zusammenhang zwischen den Funktionen φ und Ψ*

Für die Darstellung der Abhängigkeit der Gastemperatur $t_g$ von der Windtemperatur $t_d$ sind die Meßdaten von Galatonov, Zischhale und Schumacher [5,9,16] wie auch eigene Meßdaten angewendet worden. Es hat sich gezeigt, daß dafür mit genügender Genauigkeit ein Geradenbündel verwendet werden kann:

$$t_g = C_2(1 - 0{,}323 \frac{t_d}{1000}) \quad , \qquad (62)$$

wobei $C_2$ durch einen einzigen Meßwert für eine bestimmte Temperatur $t_d = t_{d_1}$ ermittelt wird.

Für die Windfeuchte wird eine lineare Beziehung angenommen

$$X_d = C_3 \, t_d + 0{,}005 \quad , \qquad (63)$$

wobei man $C_3$ gleichfalls durch einen einzigen Meßwert für eine bestimmte Temperatur $t_d = t_{d_1}$ bestimmt.

## 4. Berechnungsbeispiel

Die Berechnungen der Kennzahlen wurden für fünf Hochofenprozesse durchgeführt (davon dreimal für einen der untersuchten Prozesse). Die Ausgangsdaten sind in Tabelle 1 zusammengestellt worden [6,7]. Da für den Prozeß Nr. 4 Meßergebnisse für drei Windtemperaturen zur Verfügung standen [7], konnten die berechneten Kennzahlen mit den gemessenen verglichen werden. Auf Abb. 2 werden die Kurven des Koksverbrauchs, des Windverbrauchs und der Gasenergie dargestellt, wobei der Meßpunkt „a" als Basispunkt angenommen worden ist. Die Meßpunkte „b" und „c" liegen sehr nahe der mit Hilfe des Basispunktes berechneten Kurven.

Auf Abb. 3 werden die verallgemeinerten Kurven der Koksersparniskoeffizienten nach den Angaben verschiedener Autoren dargestellt. Die Unterschiede zwischen den einzelnen Kurven sind ziemlich groß. Abb. 4 gibt die Berechnungsergebnisse der Verfasser für die eingangs erwähnten fünf Hochofenprozesse wieder. Bei niedrigen Windtemperaturen (600 bis 800 °C) sind diese Ergebnisse jenen von Babarykin ähnlich, bei höheren Temperaturen entsprechen sie ungefähr der Kurve von Brooks-Fitzgerald. Die Differenzen zwischen den einzelnen Prozessen betragen höchstens 0,5%/100 K.

Der Ersparniskoeffizient des Windes (Abb. 5) weist größere Unterschiede zwischen den einzelnen Prozessen auf. Die individuelle Berechnung der $\omega_d$-Werte ist also als zweckmäßig zu betrachten. Auch der Verminderungskoeffizient der gesamten chemischen Energie des Gases (Abb. 6) hat unterschiedliche Werte für die verschiedenen Porzesse. Die lokalen Kennzahlen der Windvorwärmung werden mit wachsender Windtemperatur kleiner.

Der Multiplikationsfaktor der Ersparnis an Koksenergie ist merklich größer als Eins (Abb. 7). Der Heizwert des Gases nimmt bei genügend hohen Windtemperaturen mit der Temperatur zu (Abb. 8). Obwohl das Verhältnis $CO/CO_2$ mit wachsender Temperatur kleiner wird, übt die gleichzeitig auftretende Verminderung des $N_2$-Anteils einen stärkeren Einfluß auf den Heizwert aus und zieht dessen Vergrößerung nach sich.

**Tabelle 1** **Ausgangsdaten für die Berechnung der wärmetechnischen Kennzahlen**

| Energieträger | Gemessene Größe | Hochofenprozeß 1 | 2 | 3 | 4a | 4b | 4c | 5 |
|---|---|---|---|---|---|---|---|---|
| feuchter Koks | Verbrauch kg/t Roheisen | 961,5 | 811,5 | 803 | 662 | 634 | 630 | 661,9 |
| | c | 87,99 | 82,53 | 81,97 | 86,40 | 86,40 | 86,40 | 83,92 |
| | s | 1,00 | 1,09 | 0,88 | 1,02 | 1,02 | 1,02 | 0,97 |
| | h | 0,92 | 0,28 | 0,58 | 0,36 | 0,36 | 0,36 | 0,28 |
| | w | 6,35 | 4,35 | 6,84 | 2,15 | 2,15 | 2,15 | 5,34 |
| | Heizwert $H_k$ kJ/kg | 30800 | 30980 | 28260 | 29810 | 29810 | 29810 | 28630 |
| Wind | Verbrauch $m_n^3$ tr.w./t Roheisen | 2733 | 2019 | 1977 | 1688 | 1556 | 1572 | 1705 |
| | Feuchtegehalt $m_n^3$ $H_2O/m_n^3$ tr.w. | 0,0349 | 0,0482 | 0,0231 | 0,0237 | 0,0249 | 0,0237 | 0,0229 |
| | Temperatur °C | 770 | 898 | 960 | 920 | 998 | 1130 | 927 |
| Hochofengas | Produktion $m_n^3$/t Roheisen | 3847 | 2760 | 2947 | 2403 | 2223 | 2254 | 2294 |
| | Molanteile CO | 31,0 | 28,96 | 29,2 | 29,7 | 29,4 | 29,5 | 29,39 |
| | $CO_2$ | 9,8 | 11,40 | 13,6 | 12,7 | 13,2 | 12,6 | 13,89 |
| | $H_2$ | 2,1 | 2,64 | 3,2 | 1,8 | 1,8 | 2,3 | 1,73 |
| | $N_2$ | 57,1 | 57,0 | 54,0 | 55,8 | 55,6 | 55,6 | 54,99 |
| | Feuchtegehalt $m_n^3$ $H_2O/m^3$ tr.G. | 0,1036 | 0,0261 | 0,1000 | 0,029 | 0,032 | 0,025 | 0,0031 |
| | Temperatur °C | 300 | 373 | 100 | 201 | 208 | 197 | 291 |

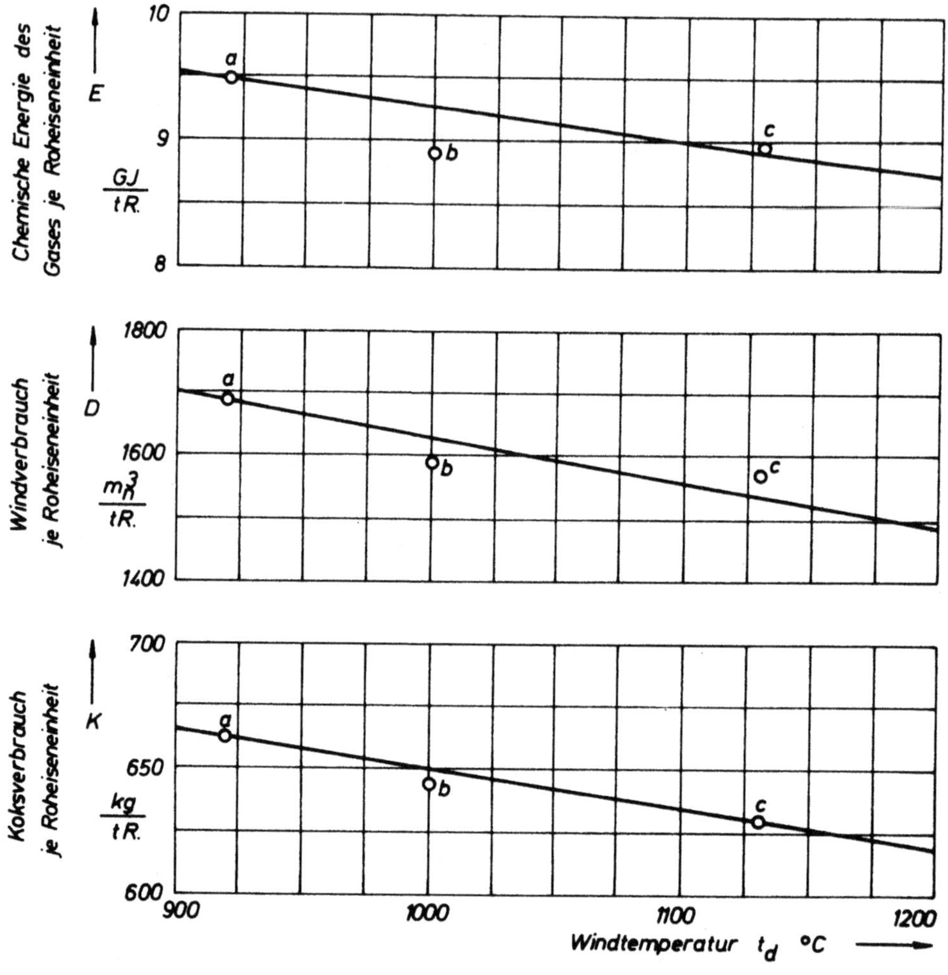


Abb. 2
Vergleich der berechneten und gemessenen Kennzahlen

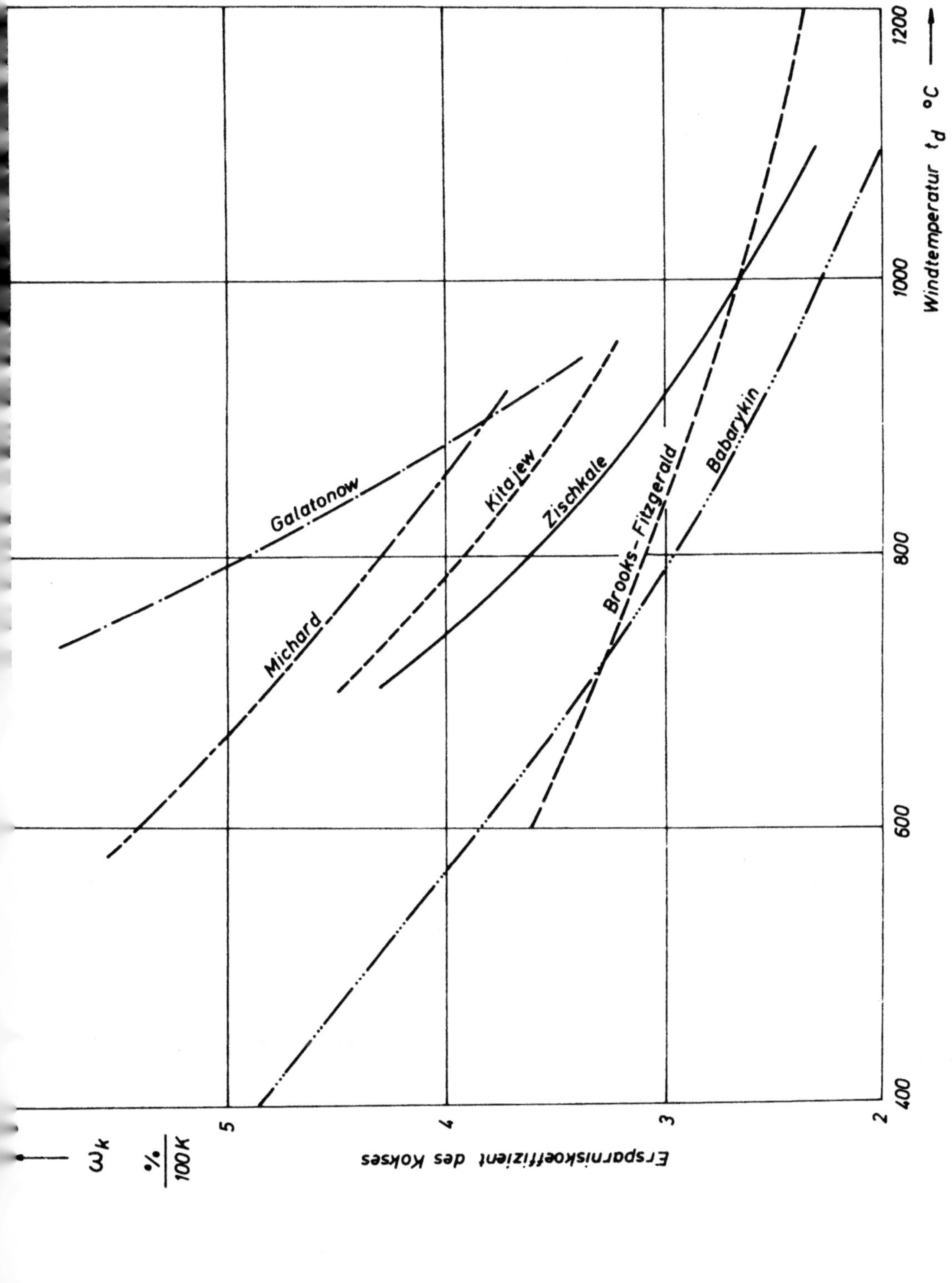


Abb. 3

Koksersparniskoeffizient nach verschiedenen Autoren

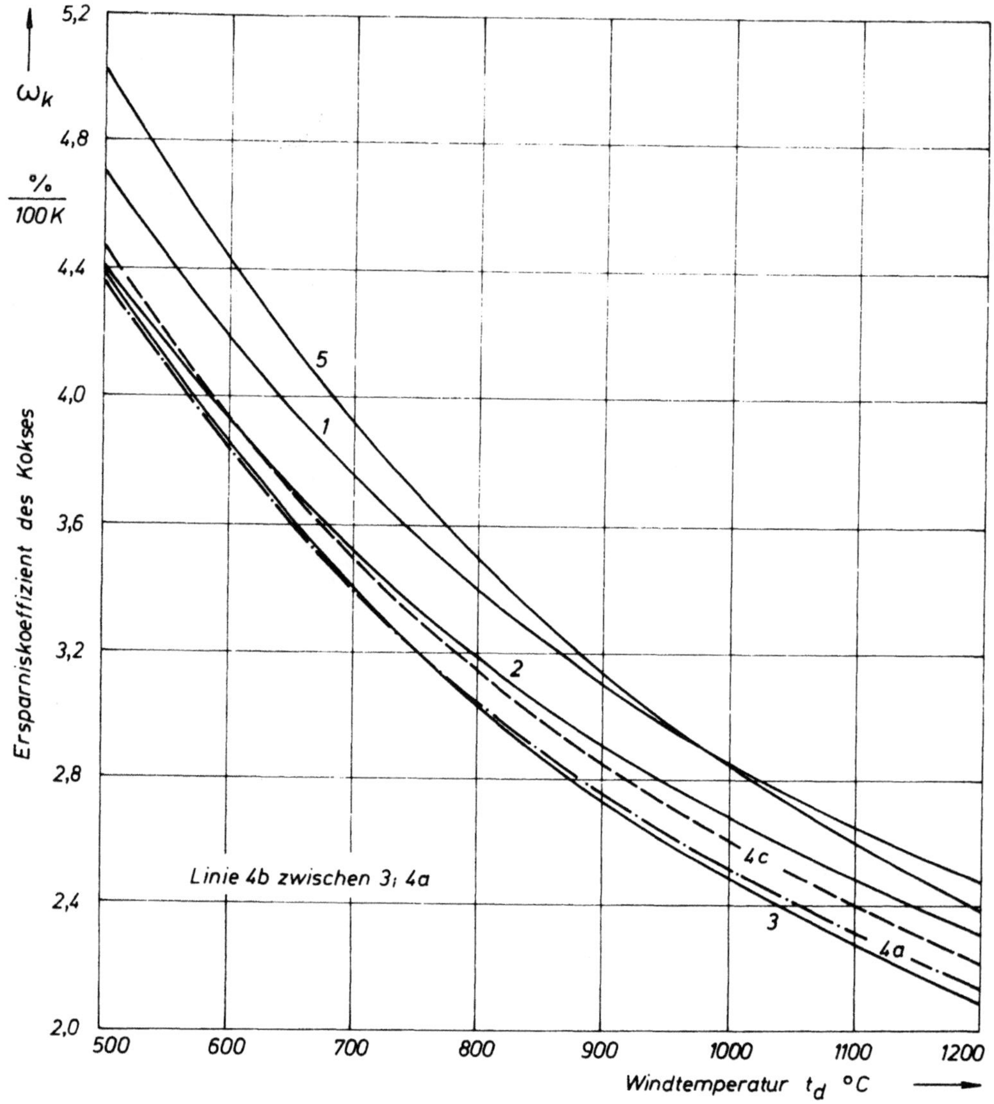


Abb. 4

**Koksersparniskoeffizient für verschiedene Öfen**

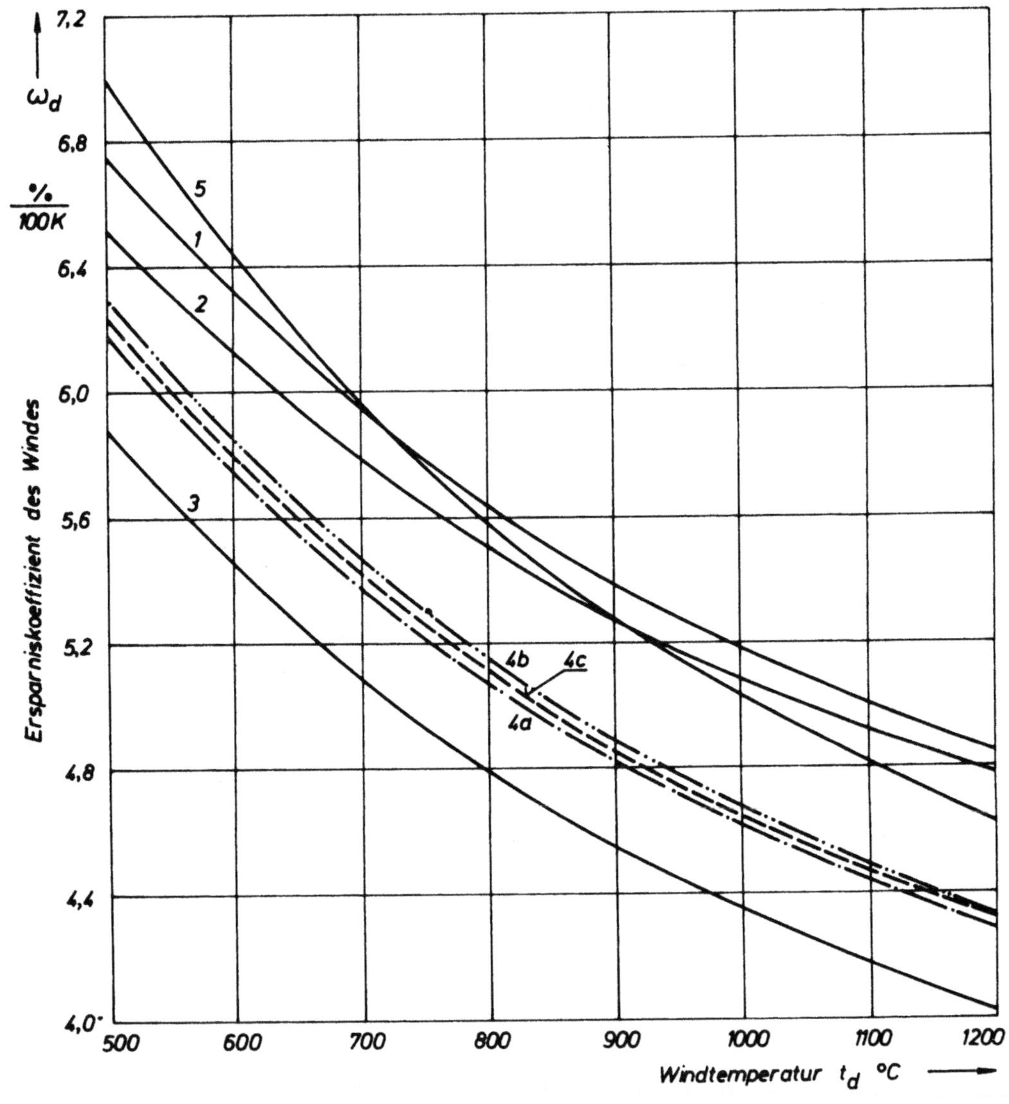


Abb. 5
Ersparniskoeffizient des Windes für verschiedene Öfen

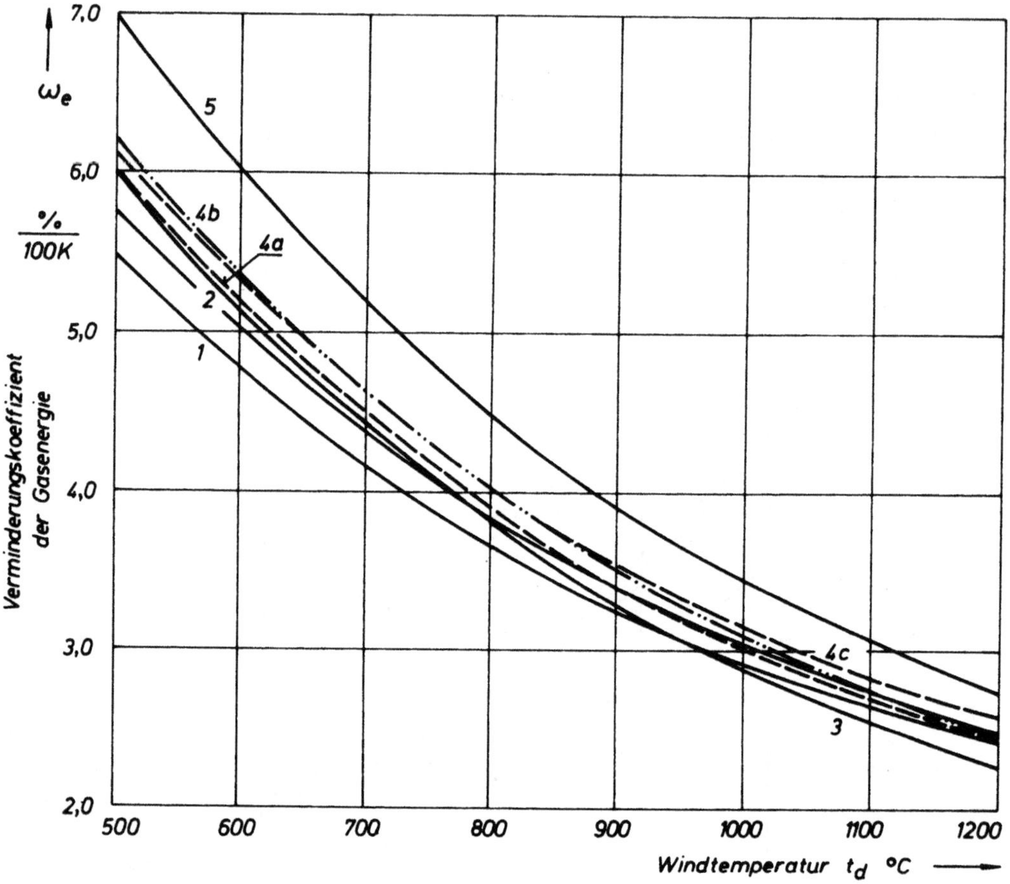


Abb. 6
Verminderungskoeffizient der Gasenergie

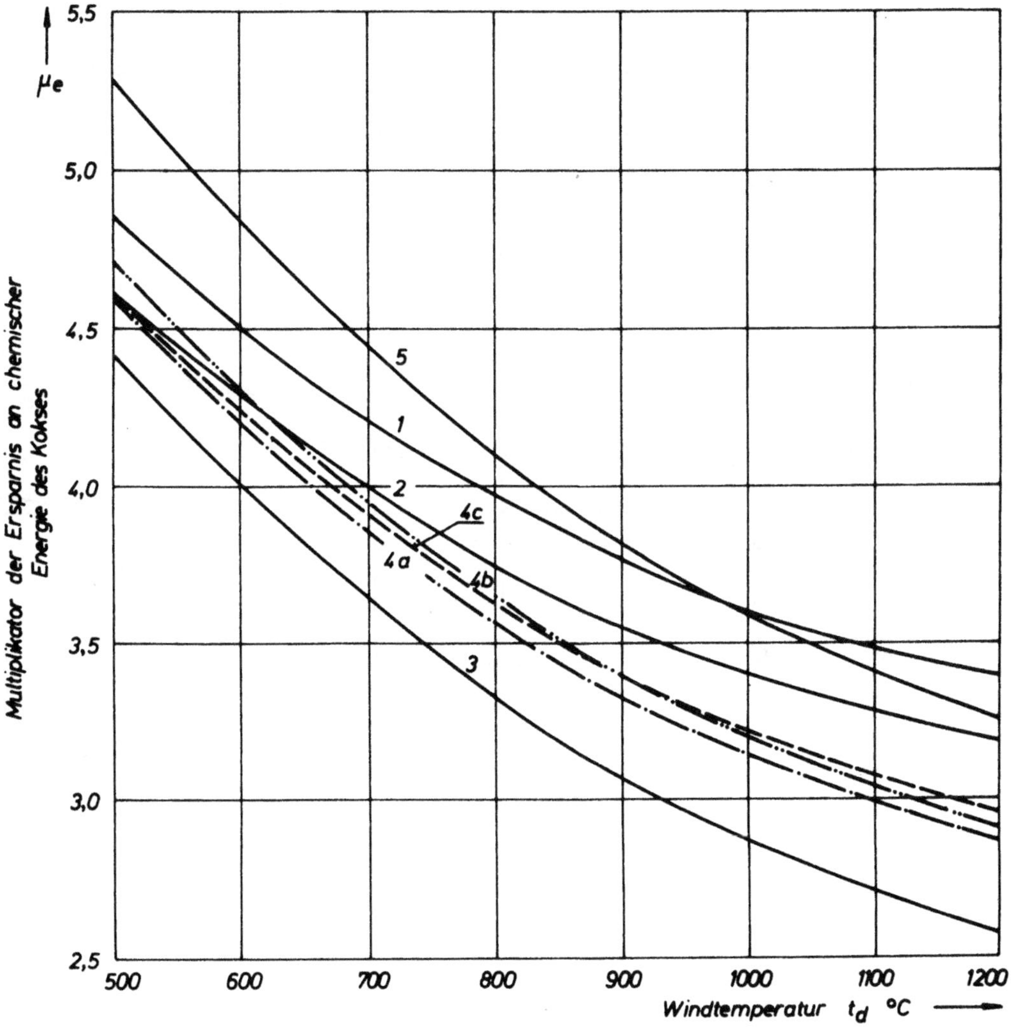


Abb. 7

Multiplikationsfaktor der Ersparnis an Koksenergie

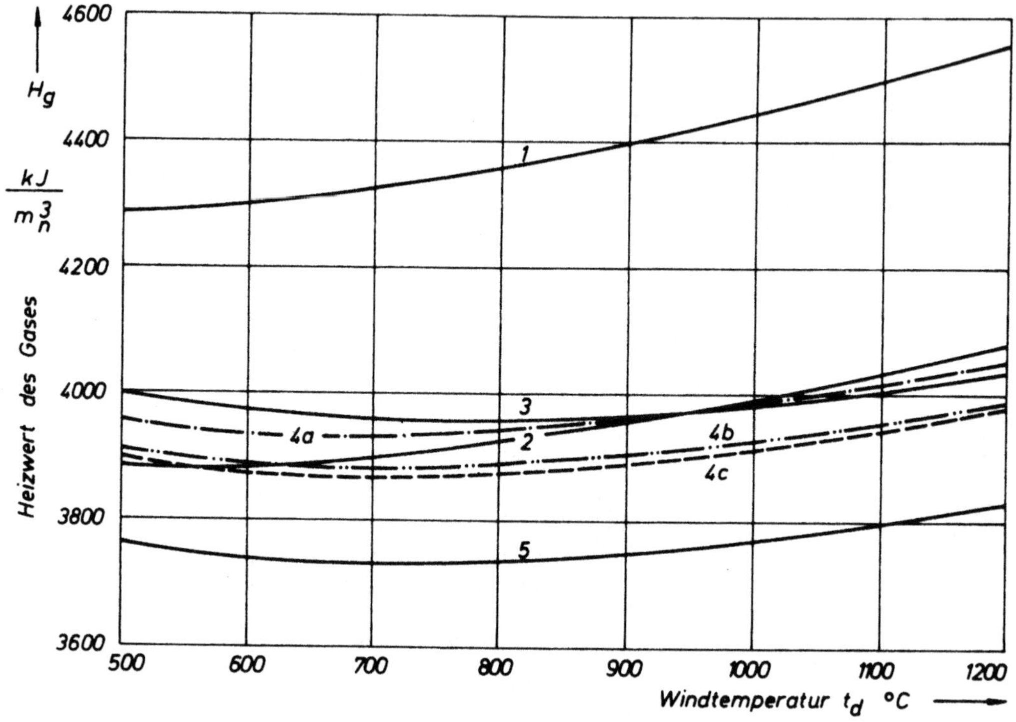


Abb. 8
Heizwert des Hochofengases

## 5. Schlußfolgerungen

Die dargestellte Methode ermöglicht es, Effekte der Windtemperaturerhöhung im voraus zu berechnen und zwar mit Hilfe der Ergebnisse einer für einen einzigen Betriebspunkt vorgenommenen Wärmemessung am Hochofen. Durch Anwendung der Bilanzgleichungen für die Elemente C, H, O, N und der Wärmebilanz erhält man allgemeine Gleichungen, die unabhängig von der Gestalt der empirischen Hilfsgleichungen, die den Einfluß der Windtemperatur auf die Zusammensetzung und Temperatur des Hochofengases zum Ausdruck bringen, gültig sind.

Mit Hilfe einer Meßfehleranalyse konnte festgestellt werden, daß die Genauigkeit der Vorausbestimmung der energetischen Kennzahlen eines Hochofenprozesses hauptsächlich von den Fehlern in den Koeffizienten der empirischen Hilfsgleichungen abhängig ist und in geringerem Maß von den Fehlern, die bei der Messung für einen einzelnen Betriebspunkt des Hochofens auftreten können [15], beeinflußt wird.

**SCHRIFTTUM**

[1] BABARYKIN N.N.: Einfluß der Windvorwärmung auf den Koksverbrauch und auf die indirekte Reduktion der Eisenoxyde im Hochofen (russ.), Stal 1964, Nr. 9, S. 778

[2] BABARYKIN N.N., JUSZIN F.A.: Ermittlung des Ausnutzungsgrades des Wasserstoffs im Hochofen (russ.), Stal 1966, Nr. 1, S. 10

[3] BOGDANDY L., SCHAEFERS W.: Vergleichbare Bewertung von Wasserstoffträgern für das Einblasen in das Hochofengestell, Stahl und Eisen 1962, Nr. 1, S. 1

[4] BROOKS S.H., FITZGERALD F.: Progress in blast furnace stove operation at Appleby – Frodingham, J. Iron and Steel Ind. 1964, Nr. 10, S. 818

[5] GALATONOV A.L.: Einfluß der Windtemperatur auf die technisch-wirtschaftlichen und technologischen Kennzahlen des Hochofenprozesses (russ.), Stal 1963, Nr. 10, S. 869

[6] HAUSWIRTH G.,MAYER H.: Ein Jahr Betrieb eines Hochofens der VÖEST mit Schweröl und Sauerstoff, Berg- und Hüttenm. Monatshefte 1963, Nr. 11, S. 380 – 391

[7] ISCHEBECK P., HEYNERT G., BEER H.: Einblasen von Schweröl bei hohen Windtemperaturen und voll vorbereitetem Möller, Stahl und Eisen 1962, Nr. 22, S. 1476 – 1485

[8] MICHARD J.: Cahiers du CESSID 1960, Nr. 18, S. 78, (Cahier II, CESSID D49).

[9] SCHUMACHER H.: Erfahrungen beim Betrieb eines Hochofens mit hohen Temperaturen Stahl u. Eisen 1966, Nr. 6, S. 309

[10] SCHÜRMANN E., BÜLTER D.: Vorausberechnung des Koksverbrauches im Hochofen aufgrund einer zweistufigen Wärme-Stoff- und Reduktionsbilanz. Archiv für das Eisenhüttenwesen 1964, Nr. 8, S. 677

[11] SZARGUT J.: Einfluß der Windvorwärmung auf die energetischen Kennzahlen des Hochofenprozesses (poln.), Zeszyty Naukowe Pol. Sl., 1967, Energetyka 26, S. 5

[12] SZARGUT J., ZIEBIK A.: Praktische Gleichungen, die den Einfluß der Windtemperatur auf die energetischen Kennzahlen des Hochofenprozesses erfassen (poln.), Zeszyty Naukowe Pol. Sl. 1968, Energetyka 29, S. 25

[13] WILD R.: Simple method of calculating the change in furnace performance when fuel or steam injection is practised, Iron and Coal 1961, 183 Nr. 4869, S. 1007 – 1073.

[14] ZIEBIK A.: Einfluß der Windtemperatur auf die Zusammensetzung und Temperatur des Hochofengases (poln.) Zeszyty Naukowe Pol. Sl. 1967, Energetyka 26, S. 25

[15] ZIEBIK A.: Genauigkeitsanalyse des Voraussehens der energetischen Kennzahlen des Hochofenprozesses (poln.)
Zeszyty Naukowe Pol. Sl. 1968, Energetyka 29, S. 51

[16] ZISCHKALE W., HEYNERT G., BEER H.: Auswirkung der Heißwindtemperaturen auf die Betriebsergebnisse des Hochofens,
Stahl u. Eisen 1963, Nr. 18, S. 1117

GPSR Compliance

*The European Union's (EU) General Product Safety Regulation (GPSR) is a set of rules that requires consumer products to be safe and our obligations to ensure this.*

*If you have any concerns about our products, you can contact us on ProductSafety@springernature.com*

In case Publisher is established outside the EU, the EU authorized representative is:

Springer Nature Customer Service Center GmbH
Europaplatz 3
69115 Heidelberg, Germany

**Batch number: 10816188**

Printed by Printforce, the Netherlands